可持续海洋经济的创新再思考

经济合作与发展组织（OECD） 著

段晓峰 译

周秋麟 译审

海洋出版社

2021年·北京

图书在版编目（CIP）数据

可持续海洋经济的创新再思考/经济合作与发展组织（OECD）著；段晓峰译.
—北京：海洋出版社，2021.3

书名原文：Rethinking Innovation for a Sustainable Ocean Economy

ISBN 978-7-5210-0750-3

Ⅰ.①可… Ⅱ.①经… ②段… Ⅲ.①海洋经济-经济可持续发展-研究
Ⅳ.①P74

中国版本图书馆 CIP 数据核字（2021）第 060886 号

责任编辑：高朝君

责任印制：安　淼

海洋出版社　出版发行	2021 年 3 月第 1 版
http://www.oceanpress.com.cn	2021 年 3 月北京第 1 次印刷
北京市海淀区大慧寺路 8 号	开本：787 mm×1092 mm　1/16　印张：13
邮编：100081	字数：202 千字　定价：98.00 元
北京顶佳世纪印刷有限公司印刷	发行部：010-62100090　邮购部：010-62100072
海洋版图书印、装错误可随时退换	总编室：010-62100034　编辑部：010-62100038

《可持续海洋经济的创新再思考》编译组

组　　长：段晓峰

参加成员：林香红　郑　艳　李先杰　杨　洋

译　　审：周秋麟

前　言

经济合作与发展组织（以下简称“经合组织”）的报告《可持续海洋经济的创新再思考》强调指出，在负责任地管理海洋经济发展方面，科学技术具有与日俱增的重要性。海洋生态系统已成为食品、药品、新型清洁能源、气候调节、创造就业机会和包容性增长等诸多全球性挑战的核心。为此，我们需要保护和改善海洋生态系统的健康状况，以确保我们对海洋资源日益增长的需求。科技创新将在协调这两大目标方面发挥关键作用。

在上述背景下，许多领域都需要新的思维和新的方法。在社会面对海洋经济可持续发展所带来的诸多挑战时，创新成为迎接这些挑战的核心。《可持续海洋经济的创新再思考》设定了以下四个目标：

- 就一系列与海洋和海事应用相关的科学和技术创新提出前瞻性观点，特别关注当前正在开展的创新活动（第 2 章）；
- 提供更多的证据来证明在创新的推动下，海洋经济活动的发展和海洋生态系统的可持续性往往可以并行不悖，并同时辅以深入的案例研究，说明产生这种双赢成果的可能性（第 2 章）；
- 以近年来全球各地兴起的创新网络为例，研究公共研究部门、学术界和各种私营部门利益相关者之间在海洋经济领域涌现的不同合作形式（第 3 章）；
- 着重强调衡量海洋经济的新方法，特别是探讨卫星账户在海洋经济两大支柱（基于海洋的经济活动和海洋生态系统服务）方面的应用，并优化计量重要的、持续的海洋观测为科学以及经济和社会带来广泛惠益的途径（第 4 章）。

在上述原始研究的基础上，本报告提出了三个优先行动的领域：①研究在一系列海洋和海事应用中为海洋事业和海洋环境带来双赢的途径；②建立海洋经济创新网络；③探讨通过卫星账户改进衡量海洋经济的举措。

本书是根据经合组织科学、技术与创新司科技政策处海洋经济小组的研究和分析结果编写的，是经合组织“创新与海洋经济”项目计划的组成部分。该项目计划已经开展了六年的原始研究，其成果是开创性的报告《海洋经济

2030》。这个项目计划在2019—2020年期间继续执行。科学、技术与创新司的这个项目计划是经合组织科技政策委员会（CSTP）总体计划的组成部分。

项目指导委员会的多个政府部门、政府机构和研究机构自愿为“创新与海洋经济”2017—2018年项目计划提供了资金和实物捐助，我们衷心感谢他们做出的贡献。我们也衷心感谢参与本报告撰写工作的经合组织内外的众多专家。所有做出贡献的机构和个人均列于致谢页。

本报告由太空与海洋创新政策（IPSO）部门负责人兼科学、技术与创新司海洋经济小组主管Claire Jolly监督编写，科学、技术与创新司海洋经济小组的经济学家James Jolliffe和高级顾问Barrie Stevens承担了研究和分析任务。经济学家Julia Hoffman由德国克里斯蒂安-阿尔伯特基尔大学临时调派至经合组织负责从事海洋观测研究工作，并获得了德国海洋研究联合会（KDM）、欧盟大西洋观测系统AtlanOS项目和亥姆霍兹基尔海洋科学（KMS）中心“未来海洋”（The Future Ocean）精英集群的支持。本报告由IPSO项目协调员Chrystyna Harpluk提供编辑协助。Anita Gibson组织了该项目的所有研讨会，担任项目协调员一职，直至2018年8月退休。

目　录

缩略语

英文简称	英文全称	中文全称
ANZSIC	Australian and New Zealand Standard Industrial Classification	澳大利亚和新西兰标准行业分类
AUV	Autonomous Underwater Vehicle	自主水下运载器
BWM	Ballast Water Management	压舱水管理
BWMC	Ballast Water Management Convention	压舱水管理公约
BWMS	Ballast Water Management System	压舱水管理系统
BWTS	Ballast Water Treatment System	压舱水处理系统
CICES	Common International Classification for Ecosystem Services	生态系统服务国际通用分类
CMEMS	Copernicus Marine Environment Service	哥白尼海洋环境监测中心
CPC	Central Product Classification	中心产品分类目录
DGMARE	Directorate-General Maritime Affairs and Fisheries	欧盟海洋事务和渔业总司
DGMP	Portugal's Directorate-General for Maritime Policy	葡萄牙海洋政策总局
EC	European Commission	欧盟委员会
eDNA	Environmental DNA (Deoxyribonucleic acid)	环境 DNA（脱氧核糖核酸）
EEZ	Exclusive Economic Zone	专属经济区

续表

英文简称	英文全称	中文全称
EFESE	Evaluation francaise des écosystèmes et des services écosystémiques	法国生态系统和服务生态系统评估
EIA	Environmental Impact Assessment	环境影响评价
EMODnet	European Marine Data Observation Network	欧洲海洋观测数据网络
ENOW	US Economics：National Ocean Watch	美国经济：国家海洋观测
EO	Earth Observation	地球观测
EOV	Essential ocean variable	重要海洋变量
EPA	US Environmental Protection Agency	美国国家环境保护局
ESA	European System of Accounts	欧洲账户体系
ESCAP	UN Economic and Social Commission of Asia and the Pacific	联合国亚洲及太平洋地区经济与社会委员会
EU	European Union	欧盟
EUMETSAT	European Organisation for the Exploitation of Meteorological Satellites	欧洲气象卫星应用组织
EuroGOOS	European Ocean Observing System	欧洲全球海洋观测系统
FAO	Food and Agriculture Organisation of the United Nations	联合国粮食及农业组织
GCOS	Global Climate Observing System	全球气候观测系统
GEO	Group of Earth Observations	地球观测组
GEOSS	Global Earth Observing System of Systems	分布式全球对地观测系统
GIS	Geographic Information System	地理信息系统
GOC	Global Ocean Commission	全球海洋委员会
GOOS	Global Ocean Observing System	全球海洋观测系统

续表

英文简称	英文全称	中文全称
GVA	Gross Value Added	总增加值
GWEC	Global Wind Energy Council	全球风能协会
HAB-OFS	Harmful Algal Bloom Operational Forecast System	有害水华预报业务系统
HABs	Harmful Algal Blooms	有害水华
ICSU	International Council for Science	国际科学理事会
IEA	International Energy Agency	国际能源署
Ifremer	French Research Institute for Exploitation of the Sea	法国海洋开发研究院
IMO	International Maritime Organisation	国际海事组织
IMOS	Integrated Marine Observing System of Australia	澳大利亚综合海洋观测系统
IMP	Integrated Maritime Policy	综合海事政策
IMTA	Integrated Multitrophic Aquaculture	综合多营养水产养殖
IOC	Intergovernmental Oceanographic Commission（of UNESCO）	（教科文组织）政府间海洋学委员会
IODE	International Oceanographic Data and Information Exchange Programme（IOC）	国际海洋数据与信息交换委员会（海洋学方案）
IOOS	US Integrated Ocean Observing System	美国综合海洋观测系统
ISIC	International Standard Industrial Classification of all Economic Activities	所有经济活动的国际标准行业分类
MaREI	Marine and Renewable Energy in Ireland	爱尔兰海洋和可再生能源中心

续表

英文简称	英文全称	中文全称
MARSIC	Marine Autonomous and Robotics Innovation Centre	海洋自主与机器人技术创新中心
MAS	Marker-Assisted Sequencing	标记辅助测序
MPA	Marine Protected Area	海洋保护区
MRE	Marine Renewable Energy	海洋可再生能源
MSP	Marine Spatial Planning	海洋空间规划
NACE	General Industrial Classification of Economic Activities within the European Communities	欧洲共同体内经济活动的一般产业分类
NAICS	North American Industry Classification System	北美产业分类体系
NOAA	US National Oceanic and Atmospheric Administration	美国国家海洋和大气管理局
OECD	Organisation for Economic Co-Operation and Development	经济合作与发展组织
OFI	Ocean Frontier Institute	加拿大海洋前沿中心
ORE	Offshore Renewable Energy	海上可再生能源
OSPAR	Convention for the Protection of the Marine Environment of the North-East Atlantic	东北大西洋海洋环境保护公约
PLOCAN	Oceanic Platform of the Canary Islands	加那利群岛海洋平台
PRIs	Public Research Institutes	公共研究机构
ROV	Remotely Operated Underwater Vehicle	遥控运载器
SAIC	Scottish Aquaculture Innovation Centre	苏格兰水产养殖创新中心

续表

英文简称	英文全称	中文全称
SAS	Satellite Account for the Sea	海洋卫星账户
SDGs	Sustainable Development Goals	可持续发展目标
SEEA	System of Environmental-Economic Accounting	环境与经济综合核算体系
SEEA-CF	System of Environmental - Economic Accounts-Central Framework	环境与经济综合核算体系—中央框架
SEEA-EEA	System of Environmental - Economic Accounts-Experimental Ecosystem Accounting	环境与经济综合核算体系—试验性生态系统核算
SNA	System of National Accounts	国民账户体系
SUTs	Supply and Use Tables	供给和使用表
TEEB	The Economics of Ecosystems and Biodiversity	生态系统和生物多样性经济学
TRL	Technological Readiness Level	技术就绪水平
UNESCO	UN Educational, Scientific and Cultural Organization	联合国教育、科学及文化组织
UNSC	United Nations Statistical Commission	联合国统计委员会
WMO	World Meteorological Organization	世界气象组织

摘要

海洋经济的发展正面临着日益严峻的困境。一方面，海洋资源对于满足地球上人们在食品、能源、就业、医药和运输等方面日益增长的需求至关重要；另一方面，日渐增多地利用海洋、海洋自然资源及其服务，给海洋生态系统带来了越来越大的压力。海洋环境已经在污染、水温上升、生物多样性丧失、海平面上升、酸化加剧和其他与气候变化有关的影响的重压下不堪重负。结果，与海洋有关的经济活动无法持续，并有可能进一步破坏海洋经济赖以发展的基础。

正如经合组织在《海洋经济 2030》报告中强调的那样，海洋潜力的充分发挥需要负责任地、可持续地发展海洋经济。欲在日益增加的海洋利用和海洋生态系统的完整性之间保持持久的平衡，就需要在诸多领域采取行动，并采用新思维和新办法。

这种对新思维和行动的需求恰恰也是在科学、技术和创新活动本身正在发生重大变革的时候产生的。在数字化的推动下，几乎所有学科和经济行业的科学研究及创新进程都在加速转换，而颠覆性技术的采用以及新型协作和开放式创新机制正在世界许多地区逐渐占据上风。

在上述背景下，作为《海洋经济 2030》的后续报告，《可持续海洋经济的创新再思考》探讨了科学、技术和创新（STI）在推动海洋经济增长方面发挥的作用，同时为海洋经济的长期可持续性挑战提供可能的解决方案。

会出现哪些既有利于经济增长又有利于环境可持续发展的创新呢？

正在发展的海洋创新，特别是在科学（如生物化学、物理学）和技术（如人工智能、机器人技术、大数据）领域普遍进步的创新，可能会提升人们对海洋生态系统及其功能的了解和认识，并显著改善海洋产业的绩效。

涉海活动的经济进展必须具有环境可持续性，因此，本报告特别关注一些海洋行业部门最近和即将取得的进展。这些进展有可能带来双赢的解决办法，即在促进经济发展的同时支持生态系统的保护和恢复。本报告提供了四个深度案例研究。这些案例都具有跨领域创新的特点，是根据其不同的技术和业务成熟度及潜在影响遴选出来的。这些案例分别为：

- 为防控（外来）海洋物种的扩散，在船舶压舱水处理方面取得的进展；
- 浮动式海上风力发电装置及其生产可再生能源和减少温室气体的能力；
- 海洋水产养殖业的创新，可能有助于增强该行业在经济和环境方面的可持续性；
- 将退役的油气钻井平台和可再生能源平台改造为人工鱼礁。

初步评估表明，上述案例研究中提出的创新有可能促进可持续的海洋经济活动，其积极影响可能超越海洋环境，但其中有些创新面临较多的困难。此外，虽然科学已经促进许多案例的实质性发展，但所有案例都面临着一个严峻课题（考虑到运营和商业模式的诸多差异），即目前在海洋生态系统的生物物理特性方面存在重大知识缺口，这限制了未来的发展，需要采取预防办法。因此，需要继续努力在科学和技术方面取得进展，以确保赢得既有利于经济增长，又有利于环境可持续性发展的双赢局面。

海洋经济创新网络是海洋从业者之间的一种新型组织创新吗?

正如许多其他经济行业的发展所表明的，科学技术的成功创新往往需要对研究过程本身的组织和结构进行新的思考，与海洋有关的研究、开发和创新也概莫能外。本报告将重点关注海洋和海洋从业者之间的一种特殊类型的协作，即海洋经济中的创新网络。

海洋经济创新网络努力将各种参与者（公共研究机构、大型企业、中小型企业、大学、其他公共机构等）汇集到灵活组织的网络中。这些参与者在海洋经济的许多不同领域（海洋机器人和自主运载器、水产养殖、海洋可再生能源、生物技术、海洋油气等）开展各种科技创新活动。随着国家和国际海洋研究氛围的变化，这种网络在世界许多地方如雨后春笋般涌现，并利用各自的组织和技能多样性，促进合作伙伴和海洋经济研究普遍受益。

经合组织已设计并管理了十个选定网络的调查，其中重点是公共（至少部分为）资助组织。这类组织通常代表网络的其余部分，在协调活动中发挥关键作用。促进有效协作是网络成功的核心特征，但要有效地做到这一点，还要面临诸多挑战：

- 这些网络产生的普遍利益是为了应对海洋经济日益多样化的研究和发展带来的挑战。这些普遍利益包括网络参与者获得的利益，例如（将信息和通信技术与水产养殖联系起来）改善跨部门协同效应、获得曾经无法使用的研究设施/专业知识，以及海洋创业公司的专项支持。其他与之相关的广义利益包括海洋科学能力和知识的建设，以及总体上对区域和国家可持续经济活动的贡献等。
- 创新网络中心面临的挑战包括成功地在具有不同目的和不同目标的组织之间搭建桥梁、平衡基础研究与商业潜力的机会以及在所有合作伙伴之间保持创新文化。

对海洋经济创新网络的影响开展的独立评估说明，创新网络对海洋经济内部和外部都具有积极影响。为了更好地了解创新网络中心对社会的价值，就需要更加努力地在更多地方评估创新网络中心公共支出的成本效益。

应采用哪些新的海洋经济测度和监测方法？

政府的科研政策引导并影响着业务发展和海洋保护，同时，也在海洋托管（stewardship）、监管（regulation）和管理（management）方面发挥着重要作用。为了有效地履行这些职责，政府的政策越来越需要以证据为基础。然而，信息、数据、知识的收集和分析对于从地方到全球各级的海洋经济决策至关重要，任重而道远。

经济测度和监测的进步表明，在向公共部门（以及许多其他利益相关者）提供所需的支撑证据方面已经取得了决定性突破。可以显著改善决策的三个领域是：

（1）海洋产业计量和评估的方法标准化，并通过卫星账户将其纳入国民核算体系；

（2）计量和评估自然海洋资源和生态系统服务，并探索将其纳入国民核算框架的方法；

（3）更好地确定和计量可持续海洋观测系统公共投资的效益。

一些国家已经建立了计量和评估其海洋产业的经济数据集。然而，方法、定义、分类系统和衡量办法因时间和国家的不同而有很大差异，这使决策者难以始终如一地掌握海洋经济活动的价值，跟踪其对国民经济的贡献，并在海洋经济的规模、结构和影响等领域开展国际比较。尽管如此，许多国家已经开始投入资源，在其国民账户内收集更可靠的海洋经济数据。

▶海洋经济卫星账户可以指明前进的方向。在现有数据收集工作的基础上，卫星账户为核心国民账户中未详细显示的国家经济监测方面提供了一个健全的框架，同时为行业分类中尚未涵盖的行业提供了更大的灵活性。海洋经济卫星账户将为收集一致的海洋经济数据提供组织严密的方法。如果大多数国家都建立了卫星账户，那么国际可比性将得到加强。

计量海洋生态系统的经济价值是一项复杂的工作，目前，该项工作比估算海洋产业的价值复杂得多。世界上大多数地区尚未对海洋环境进行全面的生物物理评估，更不用说在知识更加薄弱的深海研究领域中了。然而，尤其为了提高人们关于健康生态系统对社会的重要性的认识，目前正在进行许多关于环境评估的学术研究，以便改善对生态系统的保护和管理。在这个阶段，尽管已有若干个国家通过实施国家生态系统评估计划，开始了深入了解生态系统服务的进程，但海洋生态系统核算仍然处于起步阶段，建立试验性账户的例子也很少。

▶鉴于海洋产业活动与海洋生态系统健康之间存在强烈的相互依存关系，国民账户框架最终为海洋经济的两大支柱的计量以具有深远意义且与政策相关的方式进行整合，提供了一条未来之路。海洋生态系统知识库的建立以及国际经验的进一步分享，将大大有助于完善各类国际环境核算准则，推动海洋生态系统服务分类进程。

最后，可持续海洋观测系统将成为全球深入了解海洋及其功能的重要组成部分。这些观测系统包括固定平台、自主和漂流系统、潜水平台、海上船舶以及卫星和飞机等远程观测系统，采用日益高效的技术和仪器收集、存储、传输和处理大量海洋观测数据。这些观测系统获得的数据对于科学界和海洋经济的众多公共和商业用户至关重要。这些数据支持广泛的科学研究，并为安全、有效和可持续地利用海洋资源和海洋环境提供重要支持。发展和维护这些观测系统需要大量的公共投资，因此对其成本、收益以及社会价值要开展严格的评估。

▶本报告提出了弥合知识缺口的新方法。解决办法包括改进对用户的跟踪（包括科研用户和业务用户）、绘制价值链图，以及通过制定国际标准或海洋观测评估准则来改进方法。

经合组织的这份新报告重点涉及诸多领域的创新，也涉及创新组合，这些创新可能具有促进经济发展和海洋可持续性的能力。经合组织将在 2019—2020 年进一步开展工作，以提供更多关于可持续海洋经济发展的证据。

1　总体评估和建议

本章对经合组织报告《可持续海洋经济的创新再思考》的主要结论和建议进行了总结，其中强调了科学和技术在改善海洋可持续性方面与日俱增的重要性。然后，本章确定了三个优先行动领域：鼓励为海洋企业和海洋环境带来双赢结果的创新办法，探索推进创建海洋经济创新网络和培育其活力的途径，支持改进海洋经济测度的新型开拓性计划。

1.1 可持续海洋经济创新办法的关键作用

人们日益认识到，海洋及其资源对于解决地球今后几十年将面临的诸多挑战是不可或缺的。到21世纪中叶，需要足够的粮食、就业机会、能源、原材料和经济增长才足以维持90亿~100亿人口的需求。海洋在满足这些需求方面的潜力是巨大的，但若想充分利用海洋，就需要大量扩展以海洋为基础的经济活动。这很具有挑战性，因为海洋正在承受过度开发、污染、生物多样性减少和气候变化的压力。世界许多区域的海洋健康水平正在迅速下降，并对社会经济产生了剧烈的影响。应对这些挑战需要在许多领域进行新的思考。因此，探索创新办法的时机已经成熟，因为海洋与科学、研究和创新政策格局正在发生许多变化。

1.1.1 有利于测试新方法的政策环境

过去几年来，人们日益认识到海洋可持续发展的重要性，从而在国家、区域和全球层面提出了许多新的海洋举措。同时，在众多新技术的出现、数字化以及国家研究计划重新确定工作重点的推动下，更加促进了广泛的科学、研究与创新政策格局的迅速发展。总之，这些变化为开发可持续海洋经济的创新方法提供了大量机遇。

在不到十年的时间里，海洋已成为经合组织和许多发展中国家的优先事项，因为海洋已逐渐被视为经济增长和就业的重要来源。与此同时，人们越来越认识到海洋是一个脆弱的环境。气候和天气状况是人类（尤其是在沿海地区的居民）赖以生存的条件。过度开发、人类活动造成的各种污染以及气候变化都会破坏海洋的长期稳定作用，也会破坏海洋在合理利用情况下能产生的社会经济收益（OECD，2016）。

在上述背景下，国家、区域和全球层面与海洋治理有关的举措成倍增加，例如，制定了涉海的联合国可持续发展总目标14，并确定了2020年的目标（专栏1.1）；2017年在纽约举行了联合国海洋大会；宣布新的联合国海洋科学十年计划（2021—2030年）；政府间气候变化专门委员会即将（2019年）发表第一份关于海洋和冰冻圈的报告，报告将提供关于海洋健康状况的重要信息；2018年9月启动了关于保护国家管辖范围以外公海区域（ABNJ）海洋生物多样性国际协定的谈判；欧洲国家正在不断努力，在2020年之前确立根据欧盟《海洋战略框架指令》获得良好环境状况必须达到的目标和指标。近段时间，来自行业、学术界、政府和民间社会的各种利益相关者还组织了大量与海洋有关的会议和其他重大活动。

专栏 1.1 可持续发展总目标 14“水下生物”为科学和技术带来的启迪

可持续发展总目标 14 旨在保护和可持续利用海洋和海洋资源，促进可持续发展。其具体目标包括：

14.1 到 2025 年，预防并大幅度减少各种海洋污染，特别是陆地活动造成的污染，包括海洋废弃物和营养物污染。

14.2 到 2020 年，可持续管理、保护海洋和海岸带生态系统，避免重大不利影响，包括增强其复原力，采取修复行动，形成健康、高生产力的海洋。

14.3 通过加强各级科学合作，最大限度地减少并解决海水酸化的影响。

14.4 到 2020 年，有效监管渔业捕捞，终止过度捕捞、非法、未授权和无管制的捕捞及破坏性渔业作业，并实施以科学为基础的管理计划，以便在尽可能短的时间内使鱼类种群资源恢复，至少恢复到其生物特性决定可产生最大可持续产量的水平。

14.5 到 2020 年，按照国家和国际法相关规定，以现有的最佳科学信息为依据，保护至少 10%的海岸带和海洋区域。

14.7 到 2030 年，通过可持续利用海洋资源，包括可持续管理渔业、水产养殖业和旅游业，增加小岛屿发展中国家和最不发达国家的经济利益。

14.A 鉴于政府间海洋学委员会《海洋技术转让的标准和准则》，加强科学知识学习、提高研究能力并转让海洋技术，以改善海洋健康并加大海洋生物多样性对发展中国家的贡献，特别是对小岛屿发展中国家和最不发达国家的贡献。

资料来源：United Nations（2018），“《2030 年可持续发展议程》各项可持续发展目标和具体目标全球指标框架”，联合国统计委员会，第四十九届会议，A/RES/71/313，3 月，纽约。

所有这些与海洋相关的举措都发生在科学、技术和创新活动本身正在经历重大变化的时期（OECD，2018）。在数字化的推动下，世界许多地方，几乎所有学科和经济领域的科研和创新进程都在加速转型。颠覆性技术（如人工智能、大数据、区块链）的采用即将影响学术研究领域和商业创新周期。合作式和开放式创新的不断推进也正在改变研究人员的培训和合作方式（OECD，2017）。在政策层面，许多国家的研究计划日益强调在经济、社会和环境领域应对“巨大挑战”的必要性。一些国家由于这种新的关注重点而形成了以任务为导向的科学、技术和创新政策，将科学和技术的方向引导到与社会相关的雄伟目标上。可以说，可持续发展目标重塑了科学、技术和创新政策议程（OECD，2018）。

正如经合组织在《海洋经济 2030》中强调的那样，要充分发挥海洋的潜力，需要在许多方面采取负责任的、可持续的措施，以实现海洋利用与海洋生态系统完整性之间的持久平衡（OECD，2016）。虽然这些措施必然包括从监管和结构改革到环境政策和治理变化等一系列政策领域的举措，但科学、技术和创新方面的发展将继续在应对利用和保护海洋所面临的诸多挑战方面发挥关键作用。

1.1.2 本报告提出的新方法摘要

把重点放在科学、技术和创新上，突出可能有助于应对可持续海洋经济挑战的新方法。因此，本书确定了四个目标：

- 就一系列与海洋和海事应用相关的科学和技术创新提出前瞻性观点，特别关注当前正在开展的创新活动（第 2 章）；
- 提供更多的证据来证明在创新的推动下，海洋经济活动的发展和海洋生态系统的可持续性往往可以并行不悖，并同时辅以深入的案例研究，说明产生这种双赢成果的可能性（第 2 章）；
- 以近年来全球各地兴起的创新网络为例，研究公共部门、学术界和各种私营部门利益相关者之间在海洋经济领域涌现的不同合作形式（第 3 章）；
- 着重强调计量海洋经济的新方法，特别是探讨卫星账户在海洋经济两大支柱（基于海洋的经济活动和海洋生态系统服务）方面的应用，并分析重要的、持续的海洋观测为科学以及经济和社会带来广泛惠益的途径（第 4 章）。

根据本报告提供的分析，后续章节建议并总结提出了三个优先行动领域：

（1）鼓励为海洋事业和海洋环境带来双赢结果的创新；

（2）寻求培育海洋经济创新网络活力的途径；

（3）支持改进海洋经济计量的新举措。

1.2 鼓励为海洋事业和海洋环境带来双赢结果的创新

目前，海洋利用强度比以往任何时候都更高，这引发了人们对其自然应对能力的质疑。与此同时，对海洋及其生态系统的科学认识，即其性质和行为、健康以及在天气和气候变化中的作用也正在逐步提高。为了有效应对与海洋经济活动有关的日益严峻的挑战，需要更加重视海洋科学与海洋事业互动和协同发展的可能性。

1.2.1 最近人们对与海洋有关的创新及其应用的研究兴趣在不断增长

当今世界，蓬勃发展、活力十足的创新前景提高了海洋经济中科学和技术进步的广度和深度。经合组织《海洋经济 2030》报告指出，一系列赋能技术（enabling technologies）有可能在未来几十年改善许多海洋活动的效率、生产力和成本结构。科研、航运、能源、渔业和旅游业会受到影响（OECD，2016）。该报告强调的赋能技术包括成像和物理传感器、先进材料、自主系统、生物技术、纳米技术和海底工程等。此外，还有一系列颠覆性和变革性的创新结合多种技术，并在各种活动中得到应用，如海底测绘、智能航运以及鱼类种群追踪和鱼类产品等。因此，这些创新在跨学科科学和不同海洋行业之间的技术协同领域，存在巨大的潜力。

本报告提供的最新资料表明，自《海洋经济 2030》发布之后，多年来，无论是出于商业目的，还是为了提高对海洋生态系统及其运行的认识和改善管理水平，人们对一系列技术的潜在应用的推进进一步加快。报告指出，在整个海洋领域，人工智能、大数据、复杂数字平台、区块链、无人机、精密传感器阵列、小型卫星、遗传学和声学等通用技术正在日益普及。这些都将对海洋经济的可持续发展作出重要贡献，尤其是能够大大改善从深海传输到表层的数据质量、数据体量、连通性和通信效果。

1.2.2 可促进经济发展和海洋可持续性的创新

除了展现科学和技术的最新总体进展，本报告还重点强调了创新以及创新组合，这些创新和创新组合可能具有促进经济发展和提升海洋可持续性的能力。

为此，本报告遴选了四个深入创新的案例，这些创新在全球各地引起了巨大的兴趣，而且其中涉及的技术和业务成熟度的不同也有助于人们从中汲取经验教训。这四个案例分别是：海上浮动式风力发电装置；退役的油气钻井平台和可再生能源平台改造为人工鱼礁；为防止外来物种扩散，在压舱水处理方面取得的进展；以及有助于增强海洋水产养殖业在经济和环境方面可持续性的创新。

这四个案例各有特色，其活动的规模和成熟程度各不相同。浮动式风力发电仍处于起步阶段，全球仅有一个商业化规模的设施正在运行。到目前为止，只有少数船舶拥有压舱水处理技术，但这项技术可能会很快获得广泛应用。油气钻井平台转化为人工鱼礁在当前世界上的某些地区是一种发展趋势，但在其他地区则不然，而且，全球还没有一个国家提出将可再生能源平台改造为人工鱼礁的计划。相比之下，海洋水产养殖业在世界许多地方已有很好的基础且正在迅速发展，同时也随着一系列创新而得以快速转型。因此，将在整个行业范围内更详细地讨论海洋水产养殖案例。而且，四项活动中的创新是由不同的动力与挑战驱动的。尽管存在这些差异，但对这四个领域的创新活动的考察表明，它们有许多共同的特点。

海洋部门的创新以科学为主导，且部门之间相互关联

所有领域取得的进展显然都是以科学为主导或至少是以科学为基础的，这突出了科学在海洋经济中发挥的重要作用。而且，创新很少是“独立”发生的；相反，它们是与其他创新和技术相结合而发展起来的，或至少与其他创新和技术有所关联。

表 1.1 可持续海洋活动发展中的阶段性变化需要不同学科和部门的多项创新

浮动式风能	钻井平台/可再生能源平台改造为鱼礁	压舱水处理	海洋水产养殖
选址（如卫星遥感+建模）	新型井塞	生物体和细菌的检测（如芯片实验室技术、新一代 DNA 等技术）	选址/全区域评估（高空间分辨率对地观测；地理信息系统制图+建模）
新型建筑材料和方法（如转子叶片、底座）	勘测和检验采用的海底运载器	常规消毒工艺（如紫外线照射、电氯化）	育种（选择性育种、基因组测序、标记辅助选择）

续表

浮动式风能	钻井平台/可再生能源平台改造为鱼礁	压舱水处理	海洋水产养殖
新设计（例如，双船体/多涡轮阵列、动态电缆系统）	DNA 条形码技术、用于关联性分析的种群指纹	新的环保处理方法，如巴氏杀菌法	饲料（微藻、植物和昆虫饲料、鱼油替代品）
检查、维护和修理（例如，AUVs/ROVs，人工智能驱动监测）	可再生能源：生物量聚集的生态系统影响模型		废物管理（IMTA、传感器平台、决策算法）和疾病控制（eDNA 工具、质谱+AI、使用清洁鱼）
	网络分析和建模工具		远海工程

预计浮动式海上风力涡轮机发电成本的大幅下降，得益于借助卫星数据改进选址、新型基础设计、涡轮机叶片制造中使用复合材料，以及利用海上自主无人运载器（AUV）和遥控运载器（ROV）来监测、检查、维护和修理海上设施。在海洋水产养殖中，正在采用多种方法来预防、控制和治疗病虫害，包括提高抗病能力的育种（例如，标记辅助选择）和新一代疫苗，以及用于检测鱼虱感染的高光谱分析。在船舶压舱水处理方面，数百种不同的应用已在研究中应运而生，这些应用采用了多种基本技术原理，包括紫外线、氧化和脱氧、电解、超声波和加热等。

海洋经济创新的经济利益很高

从经济和商业角度来看，正在进行的创新和创新组合可能会带来巨大的潜在收益。特定领域的创新往往会为海洋经济的其他领域带来溢出效益。

就特定领域的潜在收益而言：

- 从长远来看，浮动式海上风力发电场可以进一步推动本已迅速扩大的全球海上风力发电市场，预计到 2030 年，将产生约 2 300 亿美元的全球附加值和 43.5 万个全职工作岗位（OECD，2016）。
- 未来几十年将有数千个油气平台退役。如果鱼类、软体动物和其他海洋生物能够在人工鱼礁中繁衍生息，为此至少需要保留部分基础设施。与完全拆除相比，部分拆除基础设施可以为运营商节省数十亿美元的退役成本。
- 压舱水管理系统的潜在全球市场，按照一系列有关改装船舶数量和平均改装成本的不同方案和假设，估计为500亿美元（OECD，2017）。

- 在海洋水产养殖领域，创新的累积效应有望成为重要的推动因素，促进总附加值以每年5%以上的速度增长，在2011—2030年间使该领域的产值增长3倍，达到约110亿美元（OECD，2016）。

除了可能为各自海洋产业带来经济利益，本报告阐述的创新和创新组合还可能对其他海洋经济行业产生重大的溢出效应。这些溢出效应可以进一步促进技术开发或将技术推广到其他行业，或者更笼统地说，它们可能在相近产业中进一步深化经济活动。

例如，浮动式海上风电场的加速建设所带来的经济利益预计将流向港口、造船厂以及船舶设备供应商和运营商中。鼓励将钻井平台和海上风力发电平台改造为鱼礁的举措有可能使捕捞渔业、水产养殖、下游海上服务以及遥控和自主海上运载器的活动受益。压舱水处理工艺的广泛采用将使船舶设备供应商以及造船和船舶维修业受益。海洋水产养殖的可持续发展有望为下游行业（如水产品加工业）以及上游服务和投入（如清洁鱼类育种、遥感和检测设备供应商、水产饲料和辅助药物供应商）带来经济收益（全球市场在2017年估计获益已超过1 000亿美元，预计到2022年将超过1 720亿美元）（Research and Markets，2017）。

惠及海洋生态系统的利益可能很大，但仍难以量化

这些创新各自给海洋生态系统带来的利益极其不同，难以量化。下文对可能实现的生态系统收益类型进行了总结。

四大案例对海洋生态系统的直接利益都可以确定（表1.2）。浮动式海上风力发电平台的安装对海床的影响较小。船舶压舱水处理方面的创新预计将为减少外来海洋物种的扩散作出重大贡献。将钻井平台和可再生能源基础设施改造成鱼礁，可促进鱼类和软体动物种群的恢复，减少对海底的影响和对底栖动植物的破坏，尽管产生这些利益的条件尚待充分了解。在某些情况下，它们可以充当其他物种不同网络之间的桥梁（通过幼体扩散），从而增强某些物种的硬基质生态系统的网络，无论它们是在深海、峡湾，还是在获得保护的珊瑚分布海域（Roberts et al.，2017）。

表 1.2 对海洋生态系统的潜在利益可能很大，但难以量化

创新活动领域	对海洋生态系统的潜在直接利益实例	对海洋生态系统的潜在间接利益实例
海上浮动式风电场	对海床影响较小	减少温室气体排放 = 减缓水温上升和酸化程度、减缓溶解氧降低速度
压舱水处理	减少（外来）海洋物种的扩散和化学品的使用	生物污染程度降低，燃料消耗降低
海洋水产养殖	减少沿海水污染、野生鱼类种群被用作饲料和清洁、抗微生物处理技术的使用	由于使用了自动化、远程监测等技术，降低了能源消耗，从而减少了二氧化碳排放量
钻井平台/可再生能源基础设施改造为鱼礁	增强或恢复鱼类和软体动物种群，减少对海底和底栖动植物的破坏，增强硬基质生态系统网络	减少平台拆除和往返港口运输产生的温室气体排放量

就海洋水产养殖在选址、繁殖、饵料、废物处理和病虫害防治等方面的科学和技术进步而言，所有这些都将为平衡沿海生态系统的可持续性带来利益。这些利益可能会被工程解决方案所掩盖，而工程解决方案增加了将水产养殖迁移到外海的可能性。与沿海水产养殖相比，外海水产养殖似乎具有许多优势：更少的空间限制、更低的环境影响、与其他海洋使用者发生冲突的风险更低、病虫害问题也更少。然而，目前几乎没有大规模的远海养殖场投入运营，这不仅仅是因为它们面临着一系列挑战：能够承受外海恶劣条件的结构设计，能够进入外海的监测、收获和维护设施，通信问题及人员安全问题等。最近的研究表明，海洋水产养殖的潜在区域很广阔。从理论上来讲，超过 1 100 万平方千米的鱼类养殖面积和超过 150 万平方千米的贝类养殖面积，足以满足每年养殖 150 亿吨鱼类的需求，即目前全球海产品消费水平的 100 倍（Gentry et al.，2017）。

鉴于其减少全球二氧化碳排放量的潜力，海上浮动式风能为环境带来很多间接益处。2015 年对海上风力发电产生的碳排放量进行的估算说明，其生命周期排放量为每千瓦时 7~23 克二氧化碳当量（g/kWh）。相比之下，燃气常规发电约为 500 克，燃煤常规发电约为 1 000 克（Thomson and Harrison，2015）。反之，二氧化碳排放量的潜在下降将通过间接地降低酸化、缺氧以及海洋温度和海平面上升等使世界海洋生态系统受益。

未来的发展可能受到科学知识薄弱的制约

虽然一些证据表明上述创新可能对经济和生态系统产生积极影响，但就其潜在的影响而言，仍有许多关键问题有待回答，这些问题可能阻碍或至少减缓其在更大范围内的应用。

表 1.3 关于海洋生态系统潜在影响的科学知识有限，可能会对某些领域造成制约

创新活动领域	知识薄弱实例
海上浮动式风电场	迄今为止，由于某些系泊系统的广泛生态足迹以及其他原因等，用于收集证据的浮动平台太少，但大规模作业可能对（迁徙）鸟类、鱼类和海洋哺乳动物以及海底和底栖生境产生潜在影响
钻井平台/可再生能源基础设施转化为鱼礁	留在原地的基础设施有造成化学污染的风险。已有一些关于鱼类种群影响的研究（“种群增加”与“种群吸引”的辩论）。但对其他生态系统的影响（生物多样性、底栖生境等）很少进行深入研究
压舱水处理	有关船舶压舱水处理的实际实施以及现有技术在不同海洋环境中的有效性的问题
海洋水产养殖	目前在世界范围内开展的公海养殖项目很少，技术障碍很大，有关生态系统影响的数据薄弱，影响波及区域大，作业方面担忧较多

公海水产养殖的一个大问题是这种集约化、大容量的养殖活动会对养殖区以及海洋承载能力造成影响。关于这种规模的生态系统影响的数据非常有限，因此设定具有生态意义的参照区（例如最小距离、深度和流速）的基准尤其具有挑战性。

由于只有极少数的浮动式风力平台可以实现商业化规模运营，因此，在了解海洋环境潜在弊端方面仍然存在空白，其中包括对（迁徙）鸟类、鱼类和海洋哺乳动物以及对海底和底栖生境的影响。压舱水的处理也存在问题，其中包括对水生生物在海洋中扩散方式的认知等基本问题，以及对各种压舱水处理技术在不同海洋环境中的效率的担忧等。例如，常见的、大量繁殖的海洋浮游植物对紫外线具有抵抗力，尤其是较小的生物和微生物普遍可以存活。此外，由于河口上游和淡水环境的盐度较低，电氯化法的消毒效率较低（Batista et al.，2017）。

最后，将钻井平台转化为鱼礁是一个有争议的问题，主要是因为在退役阶段要考虑其环境影响。多年来，美国一直通过“油气平台转化为鱼礁”的专项计划把许多钻井平台转化为鱼礁，但这在其他国家并不常见。许多国家都有规定，要求作业者完全或几乎完全拆除海上油气基础设施，随后清理海底。这些规定的原因是担心留在原地的基础设施可能会因石油泄漏或化学污染而破坏海洋环境。同时，当代人有义务为后代留下尽可能清洁的环境。最近，海洋科学家和自然资源保护者就是否应考虑采取更灵活的平台退役方法，从而使某些平台较低的基础设施留在原地展开了日益激烈的辩论。有人主张部分拆除而不是全部拆除基础设施。首先，完全拆除基础设施有可能干扰或破坏在基础设施周围和基础设施上形成的宝贵栖息地和生物多样性热点地区，在某些情况下还会破坏周围相互联系的自然生态系统的功能。其次，完全拆除基础设施还可能将遗留在海底的化学物质和/或对海底有影响的有毒钻井废物释放出来，进而导致污染。再次，完全拆除基础设施很可能会产生很多噪声，干扰该地区的海洋生物。最后，完全拆除基础设施可能需要开放原先划定的禁渔区。鉴于每种选择的利害关系、不确定性以及相关知识不足，仍要开展许多科学研究（Fowler et al.，2018）。

1.2.3 后续步骤

总而言之，要全面释放海洋经济创新的潜力，就需要开展大量的科学和技术研究：不仅充分利用实现可持续海洋产业发展的宝贵机遇取得必要突破，而且要填补与海洋环境有关的、可能阻碍海洋经济未来发展的重大知识缺口，确保两者达到平衡。

两个问题说明了未来行动的可能方向，以便在海洋产业活动与精细管理海洋环境之间取得平衡：

- 就创新者的商业机会而言，决策者在寻求鼓励和支持创新的发展及其在海洋经济的应用中，应牢记海洋经济巨大前景，以免错过可能进入本行业上、下游的潜在经济利益，或经济活动和技术进步对相关行业的溢出效应。这将需要进行实时和定期的行业摸底，以便跟踪行业之间不断增强的协同作用。
- 就环境而言，科学研究领域将逐步涉及海洋经济活动的预期增长以及气候变化对海洋生态系统产生的复杂影响。在实施重大项目开发之前，通常需要优先填补主要的科学缺口。为此，公共和私人参与者必须协调一致，共同采取预防措施，以避免对海洋环境造成严重破坏。

1.3 寻求培育海洋经济创新网络活力的途径

正如许多其他经济领域的发展所表明的，科学技术的成功创新往往需要对研究过程本身的组织和结构进行新的思考。涉海研究、开发和创新也是如此。本报告第3章将重点关注海洋和海洋从业者之间的一种特殊类型的协作，即海洋经济创新网络。

1.3.1 海洋经济创新网络的特点

数十年来，海洋和海洋参与者一直通过产业集群、联合研究计划和各种知识网络开展合作。目前，经合组织首次探索海洋经济创新网络，旨在努力促进各种参与者，包括公共研究机构、中小型企业、大型企业、大学及其他公共机构，聚集在一起致力于在海洋经济的许多不同领域（例如，海洋机器人和自主运载器、水产养殖、海洋可再生能源、生物技术、海洋油气）开展一系列科学和技术创新。海洋经济创新网络可以应对国家和国际研究环境的变化，并利用其多样性为海洋经济乃至整个社会带来利益。

海洋经济的创新网络具有多种形式，从各种独立参与者之间的松散关系到追求共同目标的相对正规的协会或协定联盟，还涉及多种类型的组织。因此，有效的合作是这类创新网络成功的核心特征。

公共资助的组织往往在建立利益相关方联盟、开拓经费渠道和促进共同项目中发挥重要作用。经合组织属于网络活动的经纪人和/或协调者，因此调查了十个遴选的创新网络（即创新网络中心），这些网络的核心是（至少部分是）由公共资助的组织组成的（表1.4）。通常，创新网络中心代表网络的其他部分履行一些重要职能，包括设计成员资格、结构和职位，以及管理网络活动的各个方面（Dhanaraj and Parkhe，2006）。它们还往往能够为研究设施利用提供便利，使学术界和工业界能够相互渗透，同时为中小型企业提供支持。

表 1.4 创新网络对经合组织调查问卷的答复

创新网络中心名称和来源国

创新网络中心名称	国家
加拿大海洋前沿中心	加拿大
丹麦海上能源协会	丹麦
创新商业网络（IBN）—海上能源	比利时（佛兰德斯）
法国世界海洋中心	法国
爱尔兰海洋和可再生能源中心	爱尔兰
挪威水产养殖作业研究中心	挪威
葡萄牙海洋初创公司	葡萄牙
苏格兰水产养殖创新中心	英国
加那利群岛海洋平台（PLOCAN）	西班牙
海洋自主与机器人技术创新中心	英国

在众多参与者之间展开创新仍然是一项艰巨的任务。需要解决的一些问题包括各类组织相互竞争的重点研究；平衡商业潜力和提供更多研究机会；并在网络中的所有参与者之间保持创新文化。

接受经合组织调查的创新网络涉及许多不同类型的组织。大学在作为基础知识的来源和工业的潜在伙伴这两个方面发挥着重要作用（OECD，2008）。将中小型公司和企业家纳入海洋经济创新网络也普遍属于优先事项，不仅使其可以从大型知识密集型公司的潜在溢出中受益，而且也是其他网络伙伴新想法和发明的来源（Karlsson and Warda，2014）。这方面的协作往往是大公司创新知识的重要来源，大公司与公共研究组织合作的可能性是中小企业的 2～3 倍（OECD，2017）。另一方面，中小企业与供应商的合作更频繁一些。

创新网络的活动范围很广，从海洋监测到水产养殖再到海洋可再生能源。从调查中得到一个有趣的经验，即海洋经济的创新往往不再侧重于为某一特定领域开发单一的新技术，而是通过现有技术和/或新技术的巧妙组合，解决复杂的问题。如前文所述，海洋经济的可持续增长很可能依赖于技术进步，这些技术进步既有专业知识领域内的，也有跨领域的，而且依赖于众多新兴和快速变化的赋能技术。这些创新网络正在开发的技术类型包括机器人技术、自主系统、波浪能和潮汐能技术、新材料和结构、生物技术和先进的海洋传感器。海洋经济创新网络是一种架构，通过这种架构，可以实现技术进步与海洋产业之间的相互利用和相互协同。

1.3.2 运行良好的创新网络可为海洋经济及其他领域带来一系列收益

与活跃在不同经济行业的其他网络一样，海洋创新网络的目标是为利益相关者及其他人带来不同类型的利益。评估这些网络的性能和效益的重要性将是确保这些网络可持续性的重要步骤。

需要进行独立且可信的审查，以确保公共资金能够达成促进不同利益相关方之间合作并促成创新的目标。此外，随着时间的推移，评估创新网络的性能有助于确保其在成熟时的有效性和可持续性。在已经对海洋经济创新网络进行独立评估的地方，总体上显示出海洋经济创新网络对行业内外均有积极影响。然而，如果要充分评估和了解海洋经济创新网络的价值，就需要付出更多努力，评估其在更多地方能够带来的影响。

记录在案的利益往往是为了应对与海洋经济多方面研究和发展有关的挑战：

- 例如，人们普遍观察到，利益相关者之间在海洋研究的目标和努力方面存在片段化现象（OECD，2016）。作为回应，创新网络提供了跨越不同研究界的协调方法，并改善了跨部门的协同作用。

- 第二个挑战涉及海洋经济在科学、技术和后勤方面日益复杂的应用研究。一个组织良好的创新网络汇集了各种各样的参与者和合作伙伴，可以强化多学科方法和活动，还可能使人们拥有探索将现有技术和新兴技术相结合的机会。

- 第三个挑战涉及行业内部和行业之间的协同作用。

此外，创新网络可能会产生惠及全社会的利益。科学能力和知识可能以多种方式提高和增加。创新网络积极追求的一个潜在途径是更具成本效益的海洋监测，因为测量和观测海洋的能力是海洋科学的基石。这一领域的进展让人们从科学和社会的角度对海洋有更加深入的了解。海洋经济以外的经济领域之间的知识交流也为创新网络的进步提供了机会。因此，创新网络在跟踪技术发展，对潜在海洋应用的考量和向伙伴组织通报进展方面发挥着重要作用。最后，创新，特别是网络方面的创新，在以无形的方式实现可持续海洋经济发展方面可以发挥重大作用。合作者将其所具有的、不同专业方面的知识相互补充，很可能使发展道路成为所涉各方目标的某种组合。例如，海洋科学家在早期独立参与海洋项目，研究和模拟可能的环境影响，可能会使某些项目的社会接受度比仅由工业界进行创新所带来的效果更好。

在利大于弊和可能产生积极影响的领域，决策者不妨通过若干潜在的政策步骤鼓励海洋经济创新网络的发展。

1.3.3　后续步骤

考虑到现有海洋经济创新网络的多样性，“一刀切”的建议不适合海洋经济创新网络的发展。然而，希望评估其影响并鼓励本国海洋经济创新网络的政策制定者和其他决策者不妨考虑以下备选方案：

- 随着时间的推移，评估创新网络的绩效，将有助于确保其在成熟时的有效性和可持续性。在已经对海洋经济创新网络进行独立评估的地方，海洋经济创新网络在其主要活动领域内外都能带来益处。然而，如果要充分评估和了解海洋经济创新网络的价值，就需要付出更多的努力来评估海洋经济创新网络带来的影响。
- 在适当情况下，可以通过增加灵活性（例如示范者）来确保制定的海洋规章以创新为导向。在制定规章的过程中向海洋经济创新网络咨询（大多数接受调查的网络已经是这样）可能会形成一个更清晰、更有效和有利于创新的规章环境。
- 虽然创新活动的公共资金往往只用于早期技术准备阶段（例如从基础研究到早期示范阶段），但在某些创新活动的后期发展阶段有时可能需要进一步的支持，包括资金的便利获取、试验设施和示范场地的使用等。
- 最后，正在开发的创新类型，特别是有关海洋监测的创新类型，可能在科学和商业应用之外还有许多别的用途，因此可以将这些创新作为海洋治理的先进新工具加以试验和利用。

鉴于上述各种情况，经合组织提出了一个深入分析海洋经济创新网络的研究议程。虽然接受调查的许多创新网络中心已经与不同参与者开展了合作，但这些网络是最近才建立的，肯定会快速发生变化，具体反映在其业务领域的快速创新上。后续工作计划将更广泛地审查世界不同地区具有不同结构和特点的创新网络中心，并探索新的查询途径。最后，涉及知识产权政策的作用以及中小企业替代融资来源的研究可能对海洋经济尤其重要。

1.4 支持改进海洋经济计量的新举措

前面各节中描述的技术和组织创新可能会极大地促进海洋经济活动的发展以及海洋生态系统的保护和可持续利用。两者之间的平衡对于实现海洋经济的可持续发展至关重要。

国家科研政策将在指导和影响商业发展和海洋保护方面发挥关键作用；此外，还将有助于指导、规范和管理海洋。为了有效地完成这些任务，政府的政策需要以证据为基础，然而，信息、数据、知识的收集和分析对于从地方到全球各层次的海洋经济决策至关重要，任重而道远。

考虑到上述情况，第 4 章概述了三个领域的实例。在这些领域中，经济计量、方法论和监测方面的重大进展可能意味着在向公共部门（但也包括许多其他利益相关者）提供所需的证据支持方面能够取得决定性突破。三个实例分别是：

- 计量和评估海洋产业的标准化方法，并通过卫星账户将其纳入国民核算；
- 计量和评估自然海洋资源和生态系统服务，并探索将其纳入国民核算框架的方法；
- 以及更好地确定和计量持续海洋观测系统公共投资的效益。

1.4.1 海洋产业的计量和监测

对公共决策者和私人决策者而言，计量海洋产业经济业绩的重要性正变得日益明显。许多国家已经建立了数据集，力图计量和评估其海洋产业。然而，方法、定义、分类系统和计量方法因时间和国家的不同而有很大差异。这使得决策者难以始终如一地把握海洋经济活动的价值，追踪其对整体经济的贡献，并从全球角度比较海洋经济的规模、结构和影响。

尽管持续进行海洋经济计量会带来好处，但经济数据往往是临时收集的。这就造成了计量范围的不一致，从而导致以海洋为基础且构成海洋经济的行业之间以及这些行业与其他行业之间的计量不一致，因此也不具有可比性。

专栏 1.2 计量海洋经济的两大支柱

经合组织将海洋经济定义为海洋产业的经济活动以及海洋生态系统提供的资产、产品和服务的总和（OECD，2016）。这两大支柱相互依存，因为与海洋产业有关的许多活动都源自海洋生态系统，而产业活动同时又影响着海洋生态系统。与每个支柱相关的经济价值可以根据其产生的产品和服务是否能够在市场上交易而加以区分。下图描述了海洋经济作为具有相应经济价值的两大支柱之间相互作用的概念。

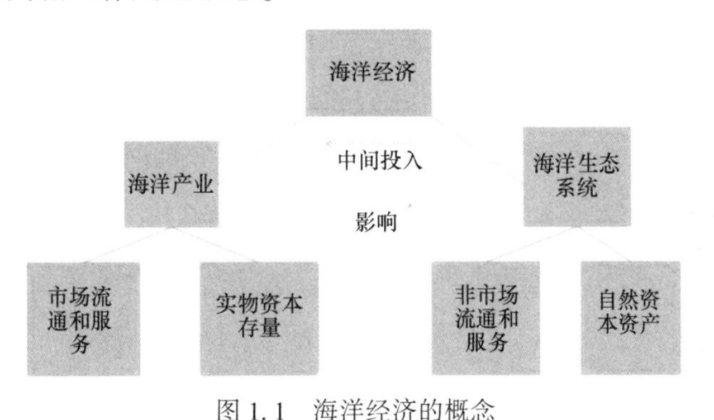

图 1.1 海洋经济的概念

资料来源：《海洋经济 2030》（OECD，2016）。

这两大相互依存的支柱和海洋健康面临的日益严重的威胁，使人们日益认识到海洋管理应基于综合生态系统方法（OECD，2016）。为此，经合组织提出了若干管理战略，包括海岸带综合管理（ICZM）、海洋空间规划（MSP）和海洋保护区（MPA）。每个框架的关键都是关于海洋经济活动、海洋环境以及两者之间相互作用的准确而深入的信息库。揭示海洋生态系统的经济价值有助于这一进程。以一个共同的计量标准进行可靠测算，对于确保以海洋为基础的产业和海洋生态系统能够得到综合管理而言至关重要。

许多国家已经开始投入资源，收集更有力的海洋经济数据。而通过国家统计系统收集数据的势头正在上升。有些国家，如葡萄牙，已开始建立与核心国民核算系统兼容的海洋产业卫星账户。其他国家已开始采用类似于卫星账户核算的方法来计量海洋经济活动。爱尔兰海洋研究所自 2004 年以来，每年收集经济数据，并发布分析主要趋势的报告。加拿大计量的是国内生产总值（GDP）

和若干行业的就业情况，而欧盟委员会也收集了类似的数据。挪威编制了几份出版物，详细介绍了海洋产业的经济统计数据，包括跟踪自然资源的变化。丹麦海事局监测其海事集群中的若干核心和第二产业的活动。意大利制定了若干测算其海洋经济的指标，包括增加值和就业率。韩国海洋水产开发院最近扩大了其海洋经济计量的范围，将海洋服务和资源开发包括在内。中国国家海洋信息中心采用了另一种办法，利用比率将海洋产业数据从多种统计数据中剥离出来。

妨碍对海洋经济进行一致计量的问题

虽然各国积极努力收集关于海洋经济的可靠信息，但由于两个核心原因，目前通过大多数国家的国家统计系统收集的经济数据仍然不兼容。首先，官方数据往往不按其所关注的经济行业分类。例如，油气业的活动经常报告为海上和陆上钻井的混合。其次，有时很难准确界定哪些活动属于陆地活动，哪些活动属于海洋活动。例如，港口是许多经济活动的陆上中心，但如果没有海洋，这些活动就不会存在。

这些问题最主要（但不限于）的核心是很难确保产业分类能够将所有海洋产业与其陆地产业区分开来。经合组织的研究表明，在联合国统计委员会所有经济活动的国际标准行业分类（ISIC）中，只有三个海洋行业的数据以详细记录的方式出现在大多数统计管理机构收集的信息中。这远远少于《海洋经济2030》中界定的19个海洋产业（OECD，2016）。如果所有海洋产业都有适当的分类，则可以通过国民账户体系确定适合整个海洋经济的数据，并由国家统计局与所有其他经济领域的可比数据一起提供。

海洋经济卫星账户可以提供前进的方向

通过卫星账户向现有的国民核算系统提供大量的海洋经济数据，为破解困局提供解决方案。卫星账户为监测核心国民账户中未详细显示的国家经济活动提供了健全的框架，同时为工业分类中未涵盖的行业提供更大的灵活性。为保持一致性，采用了核心国民核算制度的基本概念和核算规则。但是，在总体经济测算中缺少的重要数据（例如在用于国民账户的常规调查之外收集的数据）也可以包括在内，从而能够全面覆盖海洋经济。许多国家的统计系统已经为一系列行业（例如住房、卫生、社会福利、国防、教育、研究和环境等）提供了卫星账户。同时，也可以为能够产生足够利益的任何行业提供卫星账户。海洋经济卫星账户的建立可以按照已经启动的做法，由与海洋有关的机构与统计机构合作管理。

后续步骤

海洋经济卫星账户将为收集一致的海洋经济数据提供完善的组织方法。如果有足够数量的国家建立这类账户，那么国际可比性将得到加强。鉴于此，对于希望开展海洋经济卫星账户核算的国家来说，有必要建立一个框架。经合组织统计和数据局国民账户司已为希望从事卫星账户的行业专家制定了指南。上述局限性表明，国际社会离正式建立海洋经济卫星账户还有一段路要走。

然而，也有一些令人兴奋的迹象。许多国家已开始直接或通过行业主导的调查研究收集海洋经济数据。这些研究是未来制定核算方法的良好开端。这些努力将继续得到支持。在一个国家内收集尽可能多的海洋经济数据，将为建立更正式的海洋卫星账户提供有价值的基准。如果公开、广泛地宣扬这样做的结果和途径，将大大有助于国际社会的共同努力。

在为所有海洋产业建立卫星账户的过程中，肯定需要研究海洋经济专业知识和国民账户专业知识。因此，还可以为海洋经济专家提供资源，让他们与国家会计师合作，为国家实验性卫星账户奠定基础。与此同时，在国际层面还可以采取其他步骤。从根本上来说，需要进行行业分类，以涵盖所有海洋活动，并区分陆上行业和海洋行业。希望从国际角度进行具有可比性的海洋经济计量的国家应继续努力制定统一的基本定义，促进这方面的修订进程。

1.4.2 海洋生态系统的计量和监测

计量海洋生态系统的价值是一项复杂的工作，该项工作比测算海洋产业的价值要复杂得多。目前，对海洋经济价值的许多测算只量化了以海洋为基础的产业，而对海洋生态系统服务的价值则主要以定性的方式进行讨论。然而，这种方法无法可靠分析海洋经济两大支柱之间的相互作用。因此，有些国家已开始在国家层面量化海洋生态系统服务的变化。例如，挪威利用“挪威自然指数”项目收集的信息评估挪威海洋生态系统的总体健康状况。

虽然这些努力值得赞扬，但上述措施始终无法以统一的计量标准对海洋产业和海洋生态系统进行评估。用货币表示海洋生态系统价值的重要原因之一是需要将有关海洋环境的生物物理数据转换成与其他经济指标兼容的价值形式，如海洋产业的货币价值等。对海洋生态系统服务的经济价值的现有估算将减少经济交易记录数据的相关维护成本，同时，使得常规的非货币化环境信息更具有可比性。然后，可以将所得数据用于分析，有助于评估特定决策对海洋环境的影响。

卫星账户提供了前进的方向

海洋经济卫星账户可以包括与海洋生态系统有关的账户。虽然国民账户核心体系是为计量经济活动而设计的（依据诸如 GDP、增加值和就业等关键指标），但海洋产业和海洋生态系统的相互依存关系说明纳入环境信息尤为重要。虽然可以根据国民核算的核心体系计量海洋产业，但也可以考虑有关海洋生态系统价值的全面数据，包括实物和货币单位。有些国家希望以与国民核算制度一致的方式计量生态系统服务的价值。例如，爱尔兰海洋研究所利用欧洲环境署（EEA）生态系统服务通用国际分类体系（CICES）中给出的定义估算海洋生态系统服务的价值。澳大利亚统计局已经为大堡礁开发了一个实验性生态系统账户。葡萄牙打算将海洋和海岸带生态系统服务纳入其海洋卫星账户。

为了确保包含环境信息的卫星账户符合国民账户体系的严格核算标准，国际统计界已经制定了深化核算环境影响、产品和服务的准则。2012 年环境与经济综合核算体系—中心框架（SEEA Central Framework）成为核算环境存量和流量的国际公认标准（United Nations，2012）。环境与经济综合核算体系的实验性生态系统核算（The System of Environmental-Economic Accounting—Experimental Ecosystem Accounting）是一种核算生态系统服务价值的框架，由于尚处于实验状态，因此无法认定为国际标准（United Nations，2012）。

海洋生态系统服务的核算仍在进行中

海洋生态系统核算尚处于起步阶段，健全的实验核算实例非常少。环境与经济综合核算体系—中心框架和实验性生态系统核算中详述的账户适用于大多数陆地生态系统和许多淡水水体，但并不完全适用于海洋生态系统。为避免不同类型生态系统服务之间的重复计算而采用的分类系统可能并不完全适用于海洋生态系统服务，需要进一步加以完善。最后，对海洋生态系统服务价值的大多数估算依据的都是福利措施。这类研究虽然对许多类型的政策分析至关重要，但不适用于需要根据交换价值进行估算的生态系统核算。

后续步骤

鉴于生态系统核算的实验性质，在将海洋生态系统账户纳入海洋经济卫星账户之前，还需要诸多努力。任何希望开始核算海洋生态系统服务的组织都应研究现有的少数例子。随着海洋生态系统知识库的建立，国际经验的进一步分享将大大有助于完善各类国际核算准则和生态系统服务分类的进程。同时，对于那些希望过渡到包括海洋生态系统服务的海洋账户的国家，应考虑将基于交换价值的估算作为一种选择。

1.4.3 衡量和监测持续海洋观测带来的利益

为了更好地了解海洋、海洋动力学及其在地球和气候系统中的作用，需要在地方、区域、国家和国际各层次建立复杂的海洋观测系统，其中包括固定平台、自主和漂流系统、潜水平台、海上船舶以及诸如卫星和飞机等远程观测系统。这些系统利用效率越来越高的技术和仪器收集、存储、传输和处理大量海洋观测数据。这些数据对于许多不同的科学界以及活跃于海洋经济中的众多公共和商业用户而言至关重要。

海洋观测的最终受益者是终端用户，他们的活动或业务可从海洋数据和信息中获益，以更好地了解海洋，提高安全性，提高经济效率或更有效地监管海洋环境的利用和保护。

显然，海洋观测、测量和预报可以带来巨大的经济和社会利益。然而，这种利益很难量化。虽然大量案例研究试图了解和量化与海洋数据相关的社会经济利益，以支持特定的海洋用途或监管措施，但在全球范围内尚未全面描述和量化这些利益。总的来说，获得和利用海洋观测的成本几乎可以肯定只占所产生利益价值的一小部分。

海洋观测利益的追踪

经合组织最近的工作旨在整理和总结有关持续海洋观测利益的现有文献。

这项工作综述海洋观测在促进和支持海洋经济中的作用和价值的诸多内容。

科学仍然是大多数海洋观测的关键推动力。从各种平台（例如现场、研究船、卫星遥感）获得的观测和测量数据，直接或通过其在海洋、大气和气候模型中的驱动、校准和验证作用增进人们对海洋、天气和气候的基本了解。在政府间海洋学委员会（IOC）的《全球海洋科学报告》中，约80%提供海洋观测数据、产品和服务的数据中心将科学界列为最重要的终端用户（IOC，2017）。

与科学进步有关的诸多社会利益并不容易与经济价值相关联，部分原因是它们不流经市场，本身也不产生经济利益。由于这个原因，文献常常认为海洋观测数据是一种公共产品，其利益难以确定和评价。尽管评估社会利益相对复杂，但最近的一些研究还是采用了多种方法来进行评估。社会利益的进一步评估对于全面评估海洋观测系统的价值特别重要，并且对任何未来的整体经济评估都至关重要。

各种持续的海洋观测衍生出种类繁多的业务产品和服务。根据经合组织的文献综述，天气预报（36%）、海况预报（21%）和气候预报（7%）是业务化用途最普遍的产品和服务。一些传统的业务用户群体包括海军和海岸警卫队、海洋油气业、商业航运、渔业和水产养殖业。矛盾的是，得益于海洋观测和文献中提及最多的用户并没有反映出这些传统用户群的分布。这是因为许多量化这些领域的工作记录仅存在于“灰色”文献中，而不作为同行评审的材料。社会经济评估主要考虑水产养殖业和捕捞渔业（13%）、农业（9%）、环境管理（8%）、旅游和邮轮（8%）、污染和溢油（8%）、军事、搜索和救援（8%）、商业航运和海上运输（8%）。

文献中公认的公共资助的海洋观测系统带来的利益可分为三大类：

• 直接经济利益是与销售全部或部分来自海洋观测的信息产品有关的收入，例如，商业捕鱼中用来测量海面温度以协助定位捕捞对象的产品的销售。这一类别比较直接，但评估所需的经济数据普遍相当匮乏。

• 第二类是间接经济利益。终端用户从购买全部或部分来自海洋观测的信息产品或服务中获得间接利益（例如，由于准确的天气预报而选择了更合适的航线，因而免受恶劣天气的影响，降低了燃料成本）。间接经济利益来自改进海洋观测而提高的效率或生产力。这一类是文献中最常见的。成本节约（30%）、成本规避（15%）和收入增加（14%）是研究中最常见的三种利益类型。

• 最后，通常情况下，社会利益更容易识别，而不是量化（例如，改善海洋治理、环境管理或更好地了解气候变化的影响，评估与减小气候变化相关的可规避成本）。最常见的社会利益类型是改善环境管理（10%）、挽救生命（7%）和改进预测（6%）。

这些不同类型的利益可以定性或定量评估。虽然这些正在进行的努力值得赞扬，而且最近在绘制业务用户群体图方面也取得了进展，但关于中间用户和终端用户的数据通常没有收集到。

后续步骤

需要进一步努力以全面评估海洋观测的价值，需要根据评估进程的通用标准，确定和了解不同的中间用户和终端用户群体，以及他们对海洋观测数据的使用情况和相关利益。将海洋观测活动的社会经济利益量化以支持海洋经济，将为海洋观测的可持续性和改进提供更有力的论据。

继经合组织关于持续海洋观测的社会经济价值的研究之后，下列步骤可有助于实现这一目标：

- 海洋观测提供者加大力度跟踪用户群体、用户下载和使用数据的情况，将有助于确定相关的市场价值和社会价值。这将涉及改进科学或业务终端用户的识别和描绘。对海洋观测的终端用户进行专门调查有助于进一步确定用户的特征、所需的产品和服务及其利用海洋观测所获得的利益。这些调查可与开放数据平台合作进行，如澳大利亚开放数据网络、哥白尼海洋环境监测中心（CMEMS）、欧洲海洋观测和数据网络（EMODnet）或美国综合海洋观测系统（U. S. IOOS），而这些平台的用户群可作为目标调查群体。CMEMS 已经通过其用户注册过程收集了部分相关信息。

- 对海洋观测产生的一些主要产品和服务的专门价值链进行更透彻和详细的分析，也有助于对社会经济利益进行有力评估。在国际和国家两个层面都在进行有益的努力（例如，政府间海洋学委员会、美国国家海洋和大气管理局与欧盟大西洋观测系统 AtlantOS 项目进行的工作，以及美国综合海洋观测系统区域协会最近开始的用户调查项目）。召开专家会议专门讨论，从绘制用户群体价值链图中吸取的经验教训对海洋观测界非常有用。

- 研究会由于空间和时间范围、采用的方法和考虑的用户领域方面的差异而有所不同。海洋观测界将受益于评估海洋观测的国际标准或准则。这将简化不同研究的比较结果，促进研究成果的汇总。在评估海洋观测的利益时，存在一些普遍的挑战，例如海洋观测的公益性质、复杂的价值链和对各种利益相关者的评估。由于在评估中采用的时间、领域和空间尺度不同，个别研究的比较结果可能会变得复杂。不过，方法上的改进是可能的。气象和环境政策界已经对可能适用于海洋观测的信息技术进行了实用性和价值方面的测试，并为这些信息技术在海洋观测中的使用和发展铺平了道路。

总之，近年来，全世界对海洋作为关键的自然资源和经济增长引擎的重要性的认识正在迅速提高。利用并保护海洋经济将需要更深入的科学知识，也需要更多的数据。

参考文献

Batista, W. et al. (2017), "Which Ballast Water Management System Will You Put Aboard? Remnant Anxieties: A Mini-Review", *Environments*, Vol. 4/3, p. 54, http://dx. doi. org/10. 3390/environments4030054.

Dhanaraj, C. and A. Parkhe (2006), "Orchestrating Innovation Networks", *Academy of Management Review*, Vol. 31/3, pp. 659-669.

Fowler, A. et al. (2018), "Environmental benefits of leaving offshore infrastructure in the ocean", *Frontiers in Ecology and the Environment*, Vol. 16/10, pp. 571 - 578, http://dx. doi. org/10. 1002/fee. 1827.

Gentry, R. et al. (2017), "Mapping the global potential for marine aquaculture", *Nature Ecology & Evolution*. Vol. 1/9. pp. 1317-1324. http://dx. doi. org/10. 1038/s41559-017-0257-9.

IOC (2017), *Global Ocean Science Report Intergovernmental Oceanographic Commission Sustainable Development Goals United Nations Educational, Scientific and Cultural Organization*. http://www. unesco. org/open-access/terms-use-ccbvsa-en.

Karlsson, C. and P. Warda (2014), "Entrepreneurship and innovation networks", *Small Business Economics*. Vol. Vol. 43. no. 2. pp. 393-398. https://doi. org/10. 1007/s1 1187-014-9542-z.

OECD (2018), *OECD Science, Technology and Innovation Outlook 2018: Adapting to Technological and Societal Disruption*, OECD Publishing, Paris, https://dx. doi. org/10. 1787/sti in outlook-2018-en.

OECD (2017), *Analysis of Selected Measures Promoting the Construction and Operation of Greener Ships*, OECD, Paris.

OECD (2017), *OECD Science, Technology and Industry Scoreboard 2017: The digital transformation*. OECD Publishing. Paris. https://dx. doi. org/10. 1787/9789264268821-en.

OECD (2017), "The links between global value chains and global innovation networks: An exploration", *OECD Science, Technology and Industry Policy Papers*, No. 37, OECD Publishine. Paris. https://dx.doi.org/10.1787/76d78fbb-en.

OECD (2016), *The Ocean Economy* in 2030, OECD Publishing, Paris, https://dx.doi.org/10.1787/9789264251724-en.

OECD (2008), *Open Innovation in Global Networks*, OECD, Paris.

Roberts, J. et al. (2017), *ANChor, Summary Report Final, December.*

Thomson, R. and G. Harrison (2015), *Life Cycle Costs and Carbon Emissions of Offshore Wind Power*, ClimateXChange.

United Nations (2018), *Global indicator framework for the Sustainable Development Goals and targets of the* 2030 *Agenda for Sustainable Development*, United Nations Statistical Commission, 49th session, A/RES/71/313, March, https://unstats.un.ore/sdas/indicators/Global%20Indicator%20Framework%20after%20refinement_Eng.pdf (accessed on 14 May 2018).

United Nations (2018), *The Sustainable Development Goals Report 2018*, https://unstats.un.ora/sdas/files/report/2018/TheSustainablepeveloDmentGoalsReDort2018-EN.pdf (accessed on 14 May 2018).

United Nations (2012), *System of Environmental-Economic Accounting 2012: Central Framework.* https://seea.un.org/sites/seea.un.ora/files/seea_cf_final_en.pdf (accessed on 03 November 2017).

United Nations (2012), *System of Environmental-Economic Accounting 2012: Experimental Ecosystem Accounting*, https://seea.un.org/sites/seea.un.ora/files/websitedocs/eca_final_en.pdf (accessed on 03 November 2017).

2 科技推动经济增长和生态保护

在综述了若干选定的与海洋相关的科技进展之后，本章随即对四个案例进行深入研究，以说明海洋领域的创新如何在促进经济发展的同时支持生态系统的改善和保护。案例研究包括浮动式海上风力发电、船舶压舱水管理、海水养殖业的创新以及将退役的油气钻井平台和可再生能源平台转化为人工鱼礁的可能性。

2.1 最新科技进展

尽管可持续增长、绿色增长的概念在海洋用户界日渐盛行，然而，具体实践中涉及经济发展与环境完整性之间的利益权衡时，仍然存在争议。本章阐述了特定创新和创新组合的理解及观点，这些创新能够同时达成两个目标：一是促进海洋产业及海洋经济发展；二是促进海洋生态系统的可持续性发展。

鉴于以上背景，在本章，经合组织主要聚焦以下三个层面。

- 简要介绍与海洋相关的最新科技进展；
- 提供更多的证据以证明：海洋经济的发展和海洋生态系统的可持续性可以并行不悖；
- 深入探讨科技创新如何有助于维持经济发展与环境问题之间的平衡。

第 2 章在综述了若干与海洋相关的科技进展之后，又对四个案例进行了深入分析，以说明海洋领域的科技创新如何在促进经济发展的同时又支持生态系统的改善和保护。案例研究包括浮动式海上风力发电、船舶压舱水管理、海水养殖领域的创新以及将退役油气钻井平台和可再生能源平台转化为人工鱼礁。通过对这些案例的分析，揭示了海洋领域面临的一个趋势，这种趋势已在其他许多经济领域出现，即需要通过科技创新来应对的挑战日益复杂、变化更加迅速并具有多面性。

2.1.1 科学需应对的海洋可持续发展带来的挑战

科学对于实现全球可持续发展和海洋的全面管理至关重要，因为科学有助于我们加深对海洋资源的认知、深化对海洋资源及其健康状况的监测，也为预测海洋状况的变化提供了必要的手段。

近年来，多个国家和国际组织发布了诸多报告，从各自的角度阐述了海洋科学需要应对的主要挑战和优先解决事项。这些报告涉及诸多共同的主题，例如：气候变化及其对海洋的影响（海平面变化、海水酸化等）、人类活动引发的海洋和海岸带地区生态系统恶化、海洋生物多样性丧失、塑料污染、渔业资源量下降、与海洋有关的灾害、地质灾害和海洋治理等。

然而，各个报告在国家和区域优先事项方面存在差异。例如：加拿大的海洋科学报告重点是海岸带社区的影响和北极问题（Council of Canadian Academies，2013）；美国国家科学研究委员会的《关于海洋研究的十年调查报告》中将海洋食物网的未来发展列为重点（National Research Council，2015）；欧洲海洋理事会报告提出要对海洋生态系统健康进行功能和动态定义（European Marine Board，2013）；联合国报告《第一次全球海洋综合评估》中重点关注了海洋及其资源带来的利益在全球分布不均的问题（United Nations，2017）。联合国海洋可持续发展目标（SDG14）的一项重大贡献是首次总结了海洋科学界面临的不同挑战的实质。

所有报告都认同的一个关键点是，海洋是一个非常复杂的生态系统和生物地球化学系统，目前正受到尚未完全认识清楚的重大威胁（例如人为污染、世界大多数海域的过度捕捞、受到破坏的海洋生态系统并对沿海人口生存造成影响）。海洋能承受多大的压力？海洋健康状况下降，将如何影响地球的生物多样性、天气、气候和人类社会？

要更充分地了解海洋，仍然需要两种重要的跨学科研究能力：

• 研究和整合多种生态系统动力学和多尺度的生物地球化学循环的能力，其中包括时间尺度（以天或几个世纪为单位）和空间尺度（从几千米到非常大的盆地）；

• 观察从海面延伸到海底的整个海水水柱各种特征的能力，其中观察内容包括海洋内部的压力和生态生物地球化学响应（例如营养盐、溶解氧、浮游生物组成及其生理状况指标），从而描述小过程如何对至关重要、幅度巨大的变化产生作用。

这需要对海洋进行多维度的认知，涉及从生物学到物理学的诸多学科。这些认知基于对海洋多年的历史数据分析、新数据的获取以及新技术的应用。考虑到不同国家组织架构和海洋科学能力的差异，国际合作将是多维度认知海洋的关键（IOC，2017）。最终使海洋受益的基础研究不仅需要海洋科学界不同学科的参与，也需要其他学科的参与。例如，对新型可持续石化产品生产路径（从产品的生产、使用和处置）开展专项研究可能有助于减少和预防海洋中的塑料污染和其他有害化学产品的泄漏（IEA，2018）。这种主要来自陆地的污染多数通过以下途径进入海洋：家庭和商业废水（例如清洁和卫生处理产生的废水）、农业径流和垃圾处理场的渗漏。无论是研发和寻找环境影响较小的潜在替代品，还是当前的生产和消费活动（例如在循环经济概念基础上的生产和消费活动），都需要解决化学污染的根源问题（OECD，2018）。

全球海洋科学界即将迎来两个里程碑。联合国政府间气候变化专门委员会

（IPCC）将于2019年下半年首次编写《气候变化中的海洋和冰冻圈特别报告》（IPCC，2018）。目前，来自30多个国家的100多名科学家正在评估相关自然科学基础，还有气候变化对海洋、海岸带、极地和山区生态系统以及依赖这些生态系统的人类社区的影响。到2021年，联合国海洋科学促进可持续发展国际十年计划（2021—2030年）即将启动，其目标是鼓励各科学界和海洋用户共同努力，进一步建设海洋知识库（IOC，2018）。

2.1.2 海洋科学和技术的若干趋势

经合组织2015年编写的《海洋经济2030》已经描述了海洋科技领域为迎接上述大部分挑战取得的重大进展（OECD，2016）。

在今后几十年中，通过技术赋能，能够改善诸多海洋活动的效率、产能和成本结构，比如科学研究、生态系统分析，航运、能源、渔业和旅游业等海洋活动。这些技术包括成像和物理传感器、卫星技术、先进材料、信息和通信技术（ICT）、大数据分析、自主系统、生物技术、纳米技术和海底工程（表2.1）。除了渐进性技术创新，各种技术的涌现和融合，也有望给海洋知识的获取和海洋产业活动带来根本性的转变。

表2.1 部分渐进性技术及其在海洋经济中的应用

渐进性技术	在海洋经济中的预期用途
先进材料	能够使海上油气田装备、海上风力发电装备、海水养殖装备、潮汐能装备等结构更坚固、更轻便、更耐用
纳米技术	具有自诊断、自修复和自清洁功能的纳米级材料，用于涂料、能量存储和纳米电子学
生物技术（包括遗传学）	水产养殖中的物种选育、疫苗和食品开发。用于药物、化妆品、食品和饲料的新型海洋生物化学物质研发。藻类生物燃料和新兴海洋生物产业
海底工程技术	水下电网技术、深水电力传输、海底电力系统、管道安全、浮动式结构物的系泊和锚固等
传感器和成像	依靠微型化和自动化的智能传感器、技术和平台，可以打造用于海洋环境测量的低功耗、低成本设备
卫星技术	光学、图像、传感器分辨率、卫星传输数据的质量和数量以及小型、微型和纳米卫星覆盖范围扩大等方面的改进可能会将许多设想变成现实

续表

渐进性技术	在海洋经济中的预期用途
电子计算机化和大数据分析	智能计算系统和机器学习算法，旨在充分利用整个海洋经济产生的大量数据
自主系统	自主水下运载器（AUV）、遥控运载器（ROV）和自主水面运载器（ASV）将大幅度扩大布放范围

资料来源：《海洋经济2030》（OECD，2016），http：//dx.doi.org/10.1787/9789264251724-en。

粗略浏览最新文献表明，从《海洋经济2030》编写以来的短时期内，其中某些技术在获得潜在收益方面的应用潜力正在加速成为研究热点，从而有助于更充分地认知海洋生态系统及其工作原理和管理要求。

专栏2.1　增进海洋生态系统及其管理和保护知识的若干创新

高频雷达和高分辨率遥感卫星的应用领域包括：

- 船舶和海上平台溢油以及化学污染物的监测和建模（Singha and Ressel，2016；Li et al.，2016；White et al.，2016；Tornero and Hanke，2016；Strong and Elliott，2017；Spaulding，2017；Nevalainen，Helle and Vanhatalo，2017；Mussells，Dawson and Howell，2017；Azevedo et al.，2017）；
- 使用AIS测量海洋表层海流（Guichoux，2018）和绘制全球渔业活动图（Kroodsma et al.，2018）；
- 浮游生物生物量的生化模型（Gomez et al.，2017）；
- 海岸带和湿地管理（Kim et al.，2017；Wu，Zhou and Tian，2017）。

遗传学、eDNA和其他遗传工具，其应用领域包括：

- 监测和评估生态系统中的（入侵）物种［例如（Darling et al.，2017）］；
- 监测海底采矿产生的扰动（Boschen et al.，2016）；
- 检测压舱水中的细菌（Pereira et al.，2016）。

声学、图像和人工智能的应用领域包括：

- 监测（洄游）鱼类活动（Martignac et al.，2015；Geoffroy et al.，2016；Shafait et al.，2016）；

- 监测海洋生境和生态系统特征［Wall，Jech and McLean，2016；Cutter，Stierhoff and Demer，（n. d.）；Trenkel，Handegard and Weber，2016］；识别海洋物种（Siddiqui et al.，2018；Chardard，2017）。

自主系统。无人驾驶自主交通工具、滑翔机[1]和自主水下运载器，包括改进的传感器和用于4D海洋测量的高分辨率工具，其应用领域包括：

- 在海洋调查中使用滑翔机（Colefax，Butcher and Kelaher，2018）；
- 用于在包括极地在内的无法进入的偏远地点开展研究，并作为全球海洋观测系统的关键组成部分（Forshaw，2018）；
- 应对溢油的监测和检查（Dooly et al.，2016；Gates，2018）。

技术赋能将对海洋经济的可持续发展作出重要贡献，尤其是能够有效改善从深海（通过水柱）到表层的数据传输的质量、数据量、连通性和通信效果。虽然上述举例远非详尽无遗，但已经能够说明目前有诸多创新可以解决海洋经济发展面临的问题。以下是两个典型案例：

- 区块链和大数据分析应用程序已在港口设施和海运供应链中得以应用。航运公司、物流企业、港口运营商和其他海运利益相关者正在寻求为整个供应链提供更加集成的服务，以节省成本、提高效率和改善服务质量。数字平台技术的出现推动了各种相关业务（管理、后勤、航运、码头和港口）更顺利地合作，展现了达到上述集成服务目标的前景。例如，在航运业务的管理中，运营商目前正在挖掘分布式账本技术（DLT）的潜力（尤其是区块链）。这项技术消除了利益相关者之间交易过程中对中间人的需求，同时有可能为货运提供一种快速而安全的认证方法。航运业科技初创公司正在推出诸多能够综合利用更多数据的新技术，主要包括数字货运代理、费率分析服务、协作或交换平台、跟踪平台和服务实现网络（International Transport Forum，2018）。

- 自主驾驶船舶的出现对于某些行业来说也是一个重要的颠覆性元素。这些自主驾驶船舶配有改进传感器平台的自主式水下运载器和滑翔机，其已从小众使用发展成为各海洋领域作业的一个既定组成部分；然而，在油气领域，该技术的应用尚未成熟，油气运营商尚未将其视为作业的重要组成部分（Wilby，2016）。这项技术可以用于监测和检查水下碳收集设施的泄漏情况，以及检查深

[1] 指水下滑翔机，后同。——编者注

海管道（Forshaw，2018）。未来，该技术可能会在退役海上设施（Westwood Global Energy Group，2018）和海上风能领域（Westwood Global Energy Group，2018）大显身手。

专栏 2.2 支持海洋开发和海洋（可持续）商业用途的部分创新

人工智能在声学和图像中的应用：

- 开发机器学习以使用计算机视觉技术解释地震研究中的地下图像，并使用自然语言处理技术自动分析技术文档（Zborowski，2018）；
- 渔业领域的应用包括单波束和多波束回声测深仪系统，实时 3D 可视化软件，声呐和渔获量监测系统（Kongsberg，2017），人工智能（AI）辅助的视频图像和鱼类物种识别（Siddiqui et al.，2018）；
- 人工智能在海洋可再生能源领域的应用包括浪高预测、海平面变化预测和波浪推算（Jha et al.，2017）。

高频雷达和高分辨率遥感卫星的应用领域包括：

- 水产养殖地点适宜性决策（Fernandez-Ordonez，Soria-Ruiz and Medina-Ramirez，2015）；
- 海上风电场（Zecchetto，Zecchetto and Stefano，2018；Kubtyakov et al.，2018）；
- 用于水产养殖保险目的的水华预测（Miller，2018）。

建模在以下领域的应用进展：

- 海浪能和潮汐能及其环境影响评估方法和数值模型开发（Side et al.，2017；Venugopal，Nemalidinne and Vögler，2017；Heath et al.，2017；Gallego et al.，2017）；
- 风能资源评估（Zheng et al.，2016；Kulkami，Deo and Ghosh，2018）；
- 风浪对海洋设施（如水产养殖设施）的影响（Lader et al.，2017）。

2.1.3 案例介绍

除了海洋领域科技的最新进展，本章的另外一个重点是科技创新及其组合。

这些创新及其组合促进了经济发展和海洋的可持续性，体现了海洋绿色发展的理念。为此，本章深入探讨了四个创新案例：海上浮动式风力发电、船舶压舱水管理、海水养殖领域的创新以及将退役油气钻井平台和可再生能源平台转化为人工鱼礁。

本章选取的四个案例各具特色，其规模和活动的成熟程度各不相同。海上浮动式风力发电仍处于起步阶段，目前全球仅有一个进入商业化运行状态。到目前为止，只有少数船舶拥有压舱水处理技术，但这项技术可能很快得到推广。油气钻井平台在世界上的某些地区已经开始转化为人工鱼礁，但并不是所有地区。目前，全球尚无国家提出将可再生能源平台转化为人工鱼礁的计划。世界许多地方的海水养殖业已有很好的基础，迅速发展的同时也伴随着一系列创新带来的变革。为此，本章将从更广泛的视角详细阐述海水养殖案例涉及的科技创新。

此外，这四个案例中的创新是由不同的动力和不同的挑战驱动的。海上浮动式风力发电的创新很大程度上是由科技驱动的。钻井平台转化为人工鱼礁既受到行业降低退役成本需求的驱动，也受到自然资源保护者建立或恢复海洋生态系统愿望的驱动。压舱水处理技术的创新主要由法规推动。海洋水产养殖部门的创新受到多种因素的推动：世界人口不断增长带来的食物方面的挑战，开发商业机会的动力以及降低近海环境压力的需求。尽管驱动因素各不相同，但各种进展都是以科学为主导，或者至少是以科学为基础的。

每个案例研究都致力于解决许多关键问题：案例背景和全球背景、经济和环境方面的挑战、可预见的技术创新研究以及创新（例如节约成本、开拓业务、形成新兴产业）对促进领域内经济发展和环境可持续性作出的贡献。

2.2 案例 1：浮动式海上风电的创新

2.2.1 经济和环境方面的挑战

近年来，浮动式海上风电技术主要受限于研发水平，但在未来几十年里，这种技术将实现商业化规模利用。为此，需要迎接一系列技术、经济、法规和环境方面的挑战。

近 20 年来，海上风电行业发展速度惊人，从零起步到 2017 年总发电量达到 18 吉瓦。该行业以欧洲和中国为主导，发展势头强劲。2017—2023 年期间，全球海上风电总发电量预计将增加近两倍，达到52.1吉瓦（IEA，2018）。

如此迅速的增长表明海上风电行业潜在的经济效益是相当可观的。经合组织在其2016年发布的报告《海洋经济2030》中指出，正常情况下，2010—2030年期间，全球海上风力发电产生的总附加值可增加8倍，就业人数可增加12倍以上。因此，海上风力发电在全球海洋经济中所占的份额可能从2010年的不足1%增长到2030年的8%（OECD，2016）。

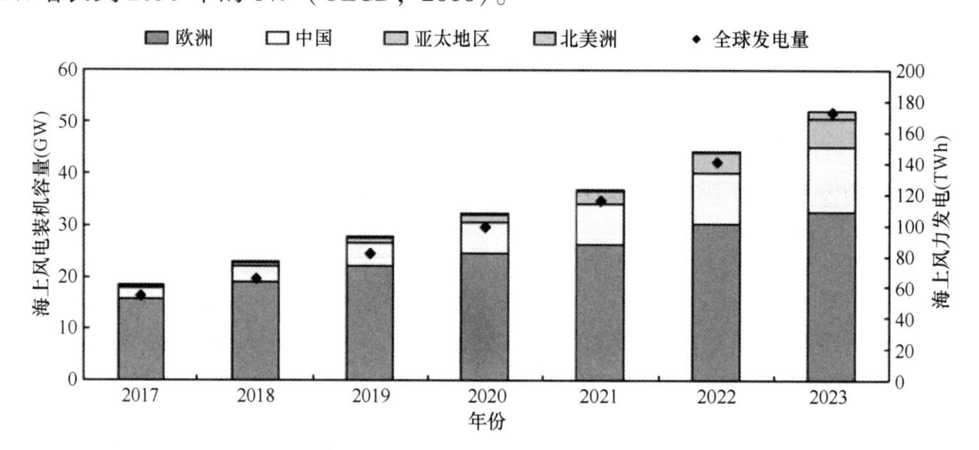

图2.1 2017—2023年区域海上风电装机容量（GW）和海上风力发电量（TWh）预测

资料来源：根据国际能源署《可再生能源2018—2023分析和预测》（IEA，2018），https：//dx. doi. org/10. 1787/re_mar-2018-en。

风力发电有助于减少全球二氧化碳排放量，为环境保护作出贡献。例如，2015年有研究表明，海上风力发电设施生命周期内产生的碳排放估算值（二氧化碳当量）为7~23克/千瓦时（g/kWh）；相比之下，燃气常规发电二氧化碳当量约为500克/千瓦时，燃煤常规发电二氧化碳当量约为1 000克/千瓦时（Thomson and Harrison，2015）。最近的一项研究（Kadiyala et al.，2017）也得出了类似的结论，获得调查的海上风力发电设施生命周期内平均碳排放量为二氧化碳当量12.9克/千瓦时（环境保护投资回收期仅为0.39年）。

此外，减少二氧化碳排放量有助于减缓海水酸化、溶解氧含量下降以及海洋水温和海平面上升的速度，间接使世界海洋生态系统受益。因此，海上风力发电的迅速发展能够在减少二氧化碳排放方面，使环境进一步受益。

迄今为止，几乎所有的海上风力涡轮机都是底部固定式的，安装在近岸浅海水域（深50~60米）。目前，底部固定式风力涡轮机已经成功地实现了低能源成本、高能源安全性以及低环境影响性，未来海上风力发电总量的增长将继续依赖这类平台。然而，随着时间的推移，由于其他用户对海洋空间的竞争日益激烈，以及缺乏实际合适的底部固定式风电机组的场址，可供使用的近岸浅水水域将越来越少。日本以及部分北美洲和拉丁美洲国家的沿海地区水深较大，适用于底部固定式风电机组的场址更少。海上浮动式风电平台成功地解决了这一困境，它们可以安装在空间更大、对其他海洋活动的潜在干扰更少、风力更强、更合适的位置。从理论上讲，海上浮动式风电平台的潜力确实很大（表2.2[①]）。

表2.2　海上浮动式风力发电的潜力

国家/地区	+60米水深海上风电资源百分率（%）	浮动式风力发电潜力（GW）
欧洲	80	4 000
美国	60	2 450
日本	80	500
中国台湾	—	90

资料来源：Catapult 和 Carbon Trust（2017），《浮动式风能联合产业项目：政策和监管评估》，https：//www. carbontnist. com/niedia/673978/wpl-flw-iiD-Dolicv-regulatorv-appraisal_final_170120_clean. pdf。

尽管可以大量借鉴海洋油气业使用的浮动式结构、海底固定装置和相关技术方面的经验，但是将浮动式风力发电场转化为商业规模的装置还需要一些时间。事实上，迄今为止，世界上只有一个大型海上浮动式风电平台投入运营，即位于苏格兰海域的30兆瓦 Hywind 浮动式风力发电场。该风电场自2017年以来始终成功运营，甚至超过预期（Hill，2018）。尽管如此，在编写本报告时，还没有一项海上浮动式技术能够自我证明可以在离岸水域投入应用（Dvorak，2018）。

不过，也有许多项目即将取得成果或处于开发之中。苏格兰政府已经批准建立50兆瓦的 Kincardine 浮动式海上风电场。葡萄牙部长理事会已批准在离葡萄牙北部海岸20千米的维亚纳堡（Viana do Castelo）开发25兆瓦 WindFloat Atlantic（WFA）项目。法国共批准了四个浮动式风电试点项目：格吕桑（Gruissan）地区的24兆瓦浮动式风电场试点、Eolfi 和中国广核集团有限公司为格鲁瓦（Groix）地区规划的24兆瓦浮动式风电场、法拉曼（Faraman）地区的24兆瓦浮动式风电场和勒卡特（Leucate）的24兆瓦浮动式风电场。圣纳泽尔港

① 英文原文为表2.1，有误，此处改为表2.2。——译者注

（Port of Saint-Nazaire）2兆瓦 Floatgen 浮动式风电项目的工作也在进展中。日本于2016年安装了福岛浜风（Fukushima Hamakaze）浮动式风力涡轮机，并启动了更多的浮动式风力项目，例如北九州近海的示范项目等。在美国，12兆瓦新英格兰 Aqua Ventus I 浮动式海上风电示范项目正在缅因湾进行。苏格兰、威尔士和爱尔兰正在酝酿进一步开发沿海浮动式风电项目（offshoreWIND. biz，2017）。

因此，人们对未来10年海上浮动式风电市场的发展期望很高，从2017年的零起步增长到2030年的约1 300兆瓦，到2030年，海上风电总装机容量将超过5吉瓦（GWEC，2017）。除了已取得的进展，近期在研发和创新方面取得的进展为浮动式海上风电市场未来10年的迅速发展奠定了良好的基础。

2.2.2 研究和技术的发展

目前，正在设计开发的浮动式风电场的三种子结构分别是杆状浮标、半潜式杆状浮标和张力腿平台（TLP）；更多详细信息请参阅国际可再生能源署（IRENA）的相关文件（2016）。第四种基础设计是驳船，进展也很顺利，但不如其他设计。

基于对浮动式解决方案潜力的估计，以及浮动式风力涡轮机技术已经达到完备水平，未来浮动式风电市场蓬勃发展具有较大潜力。

根据欧洲风电（Wind Europe，2017）的研究，杆状浮标设计已经达到技术就绪水平（Technology Readiness Level，TLR），其他设计预计将在未来五年内达到该水平。如下文所述，在涡轮机的选址、建筑材料和方法、新设计以及监测和检查等领域正在取得的进展，进一步提高了人们对海上浮动式风电场发展的期望。

改进涡轮机的选址

作为一种决策支持工具，遥感技术在选择最合适的海上风电场址方面发挥着日益重要的作用。与常规地面观测相比，卫星的主要优势在于在更大的空间范围内收集数据，从而可以对海上风能资源进行更全面的评估。郑崇伟等指出，卫星和轨道数量有限，收集的数据在时间同步和空间分辨率方面可能存在不足，因为它们可能无法在观测期间内的同一时间点覆盖大片区域（Zheng et al.，2016）。而且，卫星也不可能捕捉到不同高度风场的变化。然而，可以将数值模拟方法应用于能源评估，提高卫星数据的适用性。由于建模技术的进步，近年来，越来越多的再分析数据已成功应用于能源评估领域。例如，James 等发布的一项成功的建模工作报告，采用了美国海上区域为期三年的地面风天气预报数据集，支持和改进美国新英格兰地区和其他沿海地区的能源资源评估和风力预报（James et al.，2018）。

从长远来看，郑崇伟等指出需要在一系列相关领域进行改进，其中包括风能的短期、中期和长期预测以及对风电场构成威胁的自然灾害的早期预警（Zheng et al.，2016）。从更长期来看，存在的问题包括气候变化，以及全球变暖引起的潜在风向变化在全球范围内分布不均。与其他地区相比，某些地区的风电场可能受到的影响更大，这些方面也需要更多的研究（Kulkami，Deo and Ghosh，2018）。

改良的建筑材料和方法

多年来，转子叶片随着涡轮机的变大也变得越来越大。尤其是近些年，叶片的长度大为增加，由 20 世纪 90 年代的约 30 米增加到现在的 100 多米。叶片本身主要由玻璃纤维增强树脂以及轻木和碳纤维组成。碳纤维增强了大型涡轮机的稳定性，使其性能得到了提升，因此，尽管碳纤维比其他材料昂贵，但未来碳纤维成分的占比预计仍会增加（McKenna，Ostman v. d. Leye and Fichtner，2016）。更大的转子会带来更高的负载，在应对该挑战方面也有望取得进展。目前，主动负载控制技术正在进行测试，例如，后缘襟翼和智能结构、智能变桨距控制系统、用于监测叶片负载的智能传感器以及调整涡轮结构负载的微肋片。其他创新概念包括可适应各种条件并减少或取代主动控制需求的智能叶片（McKenna，Ostman v. d. Leye and Fichtner，2016）。

恶劣的海洋气候条件对海上浮动式风电平台的结构和运行提出了特殊的要求。当前，涡轮叶片是使用复合材料制造的，预计在未来几年还会有进一步的发展。这些叶片需要使用 25 年左右，但很容易生锈，需要定期检查和处理。因此，人们正在开发用于涡轮叶片的防护涂料，以期显著降低检查和维护成本[1]（Fraunhofer，2016）。

目前，用于标准制定的相关研究仍在继续，以支持有关浮动式风电场基础材料的选择决策。例如，在使用张力腿平台的情况下，有多种材料和方法供选择使用，但当涉及生命周期成本、二氧化碳排放等方面时，这些材料和方法往往表现出不同的特性。Kausche 等人通过计算发现，张力腿平台使用预制钢或预应力混凝土比焊接钢更具有优势（Kausche et al.，2018）。这一研究结果同样适用于杆状浮标和半潜式浮标基础，然而迄今为止，还没有发布相关数据。

新型设计

据估计，目前约有20家公司致力于将新型基础设计从概念阶段转向商业化（Renewable Energy Agency，2016）。同时，也有许多创新正在酝酿之中。例如，西班牙Saitec公司正在开发一种经济、高效的浮动式风力发电场解决方案——双船体摇摆技术（Swinging About Twin Hull，SATH），该方案配有两个固定在单一系泊点上的双混凝土船身，使平台能够左右摆动。其经济优势，在于单一系泊点系统缩短了安装时间，同时方便船舶返回港口进行重要工作。此外，在港口岸上组装的平台和涡轮机设备也会带来经济优势，因为在岸上组装能够最大限度地减少海上作业（offshoreWIND. biz，2017）。

瑞典专业设计公司Hexicon正在打造带有浮动式基础的平台。该平台配有双涡轮机，可以提高成本效率。同时，瑞典制造商TwinSwirl正在设计的平台，将通过把需要维护的部件安装在水位以上容易接近的发电机外壳内，以期降低制造和维护成本（SeaTwirl，2018）。在电网连接上，关键点之一是平台在移动时的电力传输问题，日本的研究人员已经开发并展示了一种能够稳定传输电力的动态电缆系统（Taninoki Ryota et al.，2017）。

从长远来看，预计设计趋势将从目前布放的单转子模型发展到单一结构上的多涡轮阵列，若干500千瓦的涡轮可产生多达20兆瓦的电量，同时减少安装和维护成本。预计到2040年，不断扩大的涡轮机对塔架结构设计造成负载的相关问题会得到解决。目前仍处于起步阶段的垂直轴涡轮机在解决该问题方面具有相当大的潜力（Carbon Trust and Offshore Renewable Energy Catapult，2017）。

然而，值得注意的是，诸多此类创新的时间线拉得太长，并且投入商业规模使用的方式目前尚不清晰。

监控、检查、维护和维修

底部固定式风电设施的常规远程监控已经普遍运用，然而，远程维护和维修作业仍处于起步阶段。随着海上浮动式风电设施成为主流，越来越多的风电平台搭建在更深、离岸更远的水域，面临的条件也更严酷。因此，安装、运行、维护和维修将变得更困难、更危险、更昂贵，迫切需要在自动化和远程操作技术方面寻求解决方案。这为自主式水下运载器、遥控运载器和海底机器人等领域提供了更多的应用机会。的确，根据英国海上可再生能源公司预测，几十年后，在海上风力发电场的领域中（固定式和浮动式），无人机、人工智能驱动的监测系统的布放以及远程控制甚至自主水下维修和维护系统的使用将变得极为普遍（Catapult and Carbon Trust，2017）。然而，上述许多技术在短期内都不太可能进入商业规模应用。

2.2.3 浮动式风力发电技术面临的挑战

由于未来存在许多经济、技术、体制和环境方面的挑战，因此要高度重视浮动式风力发电的近期和中期发展。

虽然底部固定式海上风力发电场有许多技术可供借鉴，但浮动式风力发电技术远不是该技术创新系统的简单扩展。浮动式风力发电技术的供应链不同于浅水、近岸水域底部固定式涡轮机所使用的供应链，其中的技术不同、成本结构不同、对海洋环境的影响不同，浮动式风电场对其他海洋用户的影响方式可能也不同于底部固定式风电场（Bento and Fontes，2017）。在资本支出方面，成本结构的差异尤为明显。常规底部固定式海上涡轮机的底部只占总成本支出的20%（主要成本组成部分与涡轮机本身相关），而张力腿（TLP）浮动式风电平台的底部占总资本支出的2/3左右（Kausche et al.，2018）。

成本是阻碍海上浮动式风力发电场快速发展的重要潜在因素之一。离岸的平均距离越远，风速和利用率越高，但是连接到电网的电缆也越长。水深通常随着离岸距离的增加而增加，安装和基础成本也与水深有关，特别是系泊成本（Myhr et al.，2014）。可以通过更完整的供应链、规模经济、涡轮机升级以及在岸上进行大规模维修来节省成本，但要实现这些目标需要时间。从长远来看，还面临着更多的挑战。例如，随着可变发电源普及水平的提高，电网整合成本可能增加。2015年，欧洲现有海上风电场的度电成本（LCOE）为7.3~14.2欧分/千瓦时，高于陆上风电或常规发电技术的度电成本（Hofling，2016）。而浮动式风力涡轮机的度电成本很可能要高于陆上和底部固定式海上风电装置：根据国际能源署的数据，大约比欧洲环境署中期设想的2014年基准高出约6%（Wiser et al.，2016）。国际能源署咨询全球150余位海上风力发电专家的结果表明，到2030年左右，浮动式风电平台的度电成本下降趋势可能与固定式风电平台度电成本下降趋势趋同。

除了借鉴经验，国际能源署的专家咨询结果表明，降低度电成本最重要的推动因素是技术研发。要提高浮动式风电场的竞争力，需要进行重大技术创新，也需要在场址确定、连续生产、供应链整合和管理以及建设和运营期间的物流方面进行创新。

2.2.4 对环境和海洋生态系统的影响

如前所述，与化石燃料能源相比，浮动式风电对减少二氧化碳排放量的净贡献是很大的。然而，浮动式风电场对于海洋环境仍存在不可忽视的影响，主要包括对（迁徙）鸟类的影响、对鱼类和海洋哺乳动物的影响以及对海底和底栖生境的影响。

有关生态系统影响的大多数现有研究都借鉴了北欧在底部固定式海上涡轮机方面的经验。由于海洋生物（鱼类、软体动物和其他类型的海洋生物）生产力的提高，近海装备在某些情况下可以改善海洋环境。然而，负面影响在各个阶段均存在。施工阶段会产生较大侵害，施工噪声和海床扰动会对底栖生境和诸多海洋生物造成较大影响；竣工后，还可能破坏邻近地区内外生境的连通性；投入运行后，涡轮机可能成为一系列海洋动物的声学干扰源。此外，涡轮机对鸟类也有潜在风险，其中包括飞行空间位移、碰撞的风险，以及在鸟类的筑巢区和觅食区之间形成屏障而造成栖息地被破坏的风险。目前，能够解决这些问题的一些技术和科学工具的开发取得了一定的进展。为解决鸟类面临的风险，目前正在采用诸如雷达监测、动物呼吸测热系统（TADS）和声学探测、视频监视和计算碰撞模型等技术，研究海上风力发电场附近的鸟类飞行和行为。

目前有观点认为，至少在建造/安装阶段，浮动式风力涡轮机在疏浚和海床准备作业期间的侵入性低于底部固定式涡轮机（Carbon Trust and Offshore Renewable Energy Catapult，2017）。然而，浮动式风电场仍然存在许多环境问题。例如，浮动式平台仍需电缆路由调查和电缆铺设，这些活动会对海底沉积物造成相当大的扰动。此外，用于浮动式涡轮机的系泊系统需要较大的系泊扩展。对于典型的（悬链线）系泊系统，水深每增加 1 米，扩展直径就增加 14 米。例如，对于安装在 150 米水深的浮动式风力发电场，发电场中每个涡轮机的系泊系统所需海床面积的直径为 2 千米。这不仅大大提高了系泊材料的成本，还增加了海域租赁面积，并加重了对海底环境的影响（Hurley，2018）。

同时，除其他因素外，浮动式风电场对鸟类的影响在很大程度上取决于浮动式设施与海岸之间的距离。关于浮动式基础与鱼类、海洋哺乳动物的相互作用，似乎尚无可参考的研究成果，主要是因为目前浮动式平台的数量过少。

浮动式设施的建造和运营可以借鉴具有生态系统影响评价的底部固定式风力涡轮机的安装和运行经验。在生态系统影响评价领域，仍然存在很大的知识空白。基线数据的缺乏严重影响了评价。实际上，需要对整个自然现象进行基线研究，包括海洋生物的种群结构和状况，以及它们在多年周期中的分布和丰度。要进一步明确长期生态系统影响以及多重累计影响，还有许多工作要做。同样，尽管有一些进展，但对整个生态系统的有关影响（不是对单一物种或特定生态系统组成部分的影响）的信息通常十分有限。典型案例的详细信息请参阅 Pezy、Raoux 和 Dauvin（2018）的文献。

2.2.5 结论性意见

随着创新的发展，以及度电成本预计将遵循与底部固定式风电平台相同的轨迹下降，浮动式风电行业的发展前景十分可期。从更宏观的海洋产业角度来看，人们期望溢出的经济利益会流向诸如港口、修造船厂、海洋设备和航运等其他海洋经济行业。考虑到这一新领域面临的诸多挑战，浮动式风电技术在近期或中期内似乎不太可能在商业层面产生明显影响。因此，通过取代矿物燃料而给海洋环境带来间接和直接利益也需要一定时间才能产生明显效果。在工程和降低成本的挑战方面，科学和技术处于发展的前沿，正如它们在填补知识缺口和理清浮动式风电平台的环境影响等方面的关键作用。

2.3 案例 2：海洋外来入侵物种与压舱水处理

几个世纪以来，海洋外来入侵物种一直在全球各地蔓延，常常会对本土海洋和沿海生态系统造成巨大破坏。近几十年来，随着全球化与海上运输的迅速发展，船舶成为全球海洋外来入侵物种扩散的主要原因。压舱水处理方面的创新可能有助于更好地控制这一日益严重的问题。

2.3.1 经济和环境方面的挑战

正如国际海事组织（IMO）列出的世界上最危险的入侵物种名录所显示的那样，海洋外来物种入侵问题极为复杂，而且在地理范围上也属于全球性问题。

在诸多情况下，生物入侵对环境的影响是毁灭性的：浮游动物种群逐渐枯竭；入侵物种与本土海洋生物竞争，取代本土海洋生物，有时甚至将其灭绝；破坏食物网、阻碍沿海结构，甚至对公共健康构成威胁。环境影响通常与巨大的经济损失相关，从渔业和水产养殖业的损失到旅游业收入的减少、港口设施恶化等。有人认为，每年的总成本高达数百亿美元（King，2016）。

下表列出了部分造成重大影响的水生生物入侵案例，全球约有数百例其他严重入侵的记录（表 2.3）。

表 2.3 部分入侵水生物种

名称	来源	引入	影响
霍乱弧菌（*Vibrio cholera*）	种类繁多、范围广	南美洲、墨西哥湾等地区	据报告，一些霍乱流行病与压舱水有关
鱼钩水蚤（*Cercopagis pengoi*）	黑海和里海	波罗的海	繁殖形成非常大的种群，在浮游动物群落中占优势地位，堵塞渔网和拖网，造成相关的经济损失
中华绒螯蟹（*Eriocheir sinensis*）	北亚	西欧、波罗的海和北美洲西海岸	为繁殖而大规模迁徙。钻入河岸和堤坝导致侵蚀和淤积。捕食本地鱼类和无脊椎动物，在种群暴发期间造成本地物种的局部灭绝。干扰渔业捕捞活动
有毒藻类（赤潮/褐潮/绿潮）	种类繁多，分布广泛	部分物种已经转移到船舶压舱水中的新区域	可能形成有害水华。视物种而定，可通过消耗溶解氧、释放毒素和/或黏液导致海洋生物大量死亡。会污染海滩，影响旅游和娱乐活动。有些物种可能会污染滤食性贝类，导致渔业损失。人类食用受污染的贝类可能导致严重疾病和死亡
圆虾虎鱼（*Neogobius melanostomus*）	黑海、亚速海和里海	波罗的海和北美洲	适应性强、侵入性强、数量增加快、扩散迅速。与本地鱼类（包括商业上重要品种在内）争夺饵料和栖息地，捕食它们的卵和幼鱼。每个季节产卵多次，可在劣质水体中存活
淡海栉水母（*Mnemiopsis leidyi*）	美洲东海岸	黑海、亚速海和里海	在有利的条件下快速繁殖（自育雌雄同体）。以浮游动物为食。把浮游动物摄食殆尽、改变食物网和生态系统功能。在很大程度上导致了 20 世纪 90 年代黑海和亚速海渔业的崩溃，造成了巨大的经济和社会影响。现在在里海也有类似的影响

续表

名称	来源	引入	影响
北太平洋多棘海盘车（*Asterias amurensis*）	北太平洋	澳大利亚南部	大量繁殖，在入侵水域迅速达到类似“瘟疫”的程度。以贝类为食，包括有商业价值的扇贝、牡蛎和蛤类
斑马贻贝（*Dreissena polymorpha*）	东欧（黑海）	入侵到西欧和北欧，包括爱尔兰和波罗的海；北美洲东半部	污染大量可用装置的硬表面。干扰原生水生生物。改变栖息地、生态系统和食物网。对基础设施和船舶造成严重堵塞。堵塞进水管道、水闸和灌溉沟渠。在1989—2000年期间，仅在美国造成的经济损失就达7.5亿~10亿美元
裙带菜（*Undaria Pinnatiflda*）	北亚	澳大利亚南部、新西兰、美国西海岸、欧洲和阿根廷	通过无性繁殖和孢子扩散而迅速生长和传播，取代了本地的藻类和海洋生物。改变栖息地、生态系统和食物网。可能通过空间竞争和生境改变影响商业贝类种群
岸蟹（*Carcinus maenus*）	欧洲大西洋沿海水域	澳大利亚南部、南非、美国和日本	适应性和入侵性强。坚硬的外壳可抵抗捕食。与本地螃蟹竞争并取代本地螃蟹，成为入侵水域的优势种。摄食甚至消灭被捕食物种。改变了岩相潮间带生态系统

资料来源：《入侵水生物种（IAS）》（IMO，2018），http：//www.imo.org/en/OiirWork/EiivironineiU/BallastWalerManagement/Pages/AqualiclmasiveSpecies（AlS）.aspx。

在全球范围内导致海洋入侵物种重新分布的两个主要媒介是生物污损（主要在船体上）和压舱水（见图2.2）。

本案例研究侧重于船舶的压舱水，即在不同运行情况下用于维持船舶稳定性和完整性的水。在过去的七十多年中，随着商船吨位的增加和海上交通的发展，未经处理的压舱水无意中从一个水域转移到另一个水域的频率急剧增加。据估算，当前，全球每年在海域之间运送的压舱水多达数百亿吨（Davidson et al.，2016），将数以千种的海洋生物（幼虫、浮游生物、细菌、微生物、小型无脊椎动物等）扩散到压舱水排放水域的海洋生态系统中。人们普遍认为，这种与压舱水相关的入侵物种分布的改变，是重大环境和经济问题，具有挑战性和复杂性，目前仍未解决（Batista et al.，2017）。因此，处理压舱水已成为全球级的优先举措，包括各国加强监管的努力以及设计和实施国际公约的多边努力。

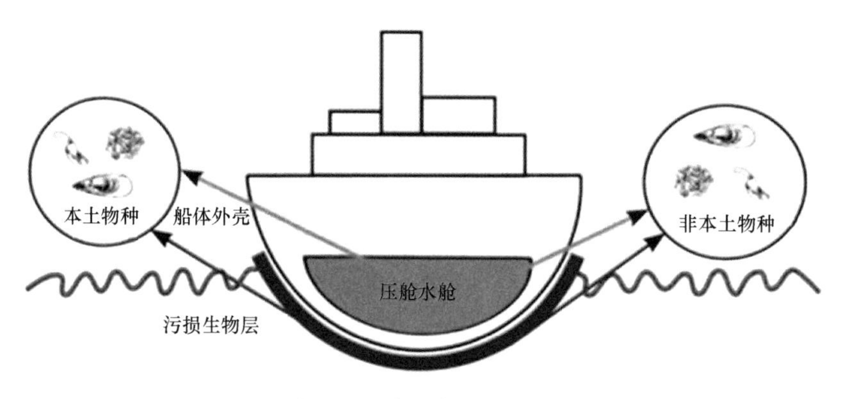

图 2.2 生物污损与压舱水

资料来源：《欧洲航运压舱水和船壳污损处理的成本和效益：本土和非本土物种的影响》(Fernandes et al.，2016)，http：//dx. doi. ora/10. 1016/J. MARPOL. 2Q 15. 11. 015。

2.3.2 监管现状

国际压舱水管理条例制定已久。事实上，国际海事组织（IMO）自 20 世纪 80 年代以来一直在应对这一问题，当时该组织成员国开始向海上环境保护委员会（MEPC）发出警报。1991 年，国际海事组织通过了应对这一问题的指导方针，随后开展了制定压舱水管理公约的工作，《国际船舶压载水和沉积物控制与管理公约》（以下简称《压舱水管理公约》）于 2004 年通过，最终于 2016 年 9 月获得国际海事组织批准。虽然《压舱水管理公约》已于 2017 年 9 月 8 日生效，但推迟到 2019 年实施（专栏 2.3）。适用于《压舱水管理公约》的所有船舶均应在不迟于 2024 年 9 月 8 日之前配备压舱水管理系统（BWMS）。

专栏 2.3 《压舱水管理公约》

《压舱水管理公约》要求所有从事国际贸易的船舶根据针对船舶的压舱水管理计划管理其压舱水和沉积物。所有船舶必须携带压舱水记录簿和国际压舱水管理证书。船载生物（包括入侵物种）的扩散可能因船舶类型而异。此外，在生物的自然传播方面也存在着很大的知识缺口。

“所有从事国际贸易的船舶均须管理其压舱水，以避免将外来物种引入沿海地区，包括交换压舱水或使用经批准的压舱水管理系统进行处理。

最初具有两种不同的标准，对应这两种选项。

D-1 标准要求船舶在远离沿海水域的公海中交换压舱水。理想的情况是，在离陆地至少 200 海里，在至少 200 米深的水中进行压舱水交换。这样，存活下来的生物体将会更少，船舶在排放压舱水时引入潜在有害物种的可能性将大大降低。

D-2 是一项性能标准，规定了允许排放的存活生物体的最大数量，包括对人体健康有害的指示微生物。

从今天开始，新船舶必须符合 D-2 标准，而现有船舶则必须符合 D-1 标准。根据船舶的国际防止油污证书（IOPPC）续期检验日期商定了 D-2 标准的实施时间表，该检验必须至少每五年进行一次。

最终，所有船舶都必须符合 D-2 标准。对大多数船舶来说，需要安装专用设备。”

资料来源：《制止入侵水生物种的全球条约生效》（IMO，2017），http：//www. inio. org/en/MediaCentre/PressBriefings/Pages/21-BWM-EIF. aspx。

《压舱水管理公约》的全面成功取决于许多因素，其中最重要的是：

- 它将只适用于已批准《压舱水管理公约》的船旗国的船舶和进入其管辖范围的船舶。目前，该条约在 60 多个国家实施，涉及世界商船总吨位的 70%以上。鉴于《压舱水管理公约》涉及主要的航运国以及许多其他国家，不遵守《压舱水管理公约》的国家的船舶几乎不可能在国际海域航行。《压舱水管理公约》有效地阻止了入侵物种的交换，因为不遵守《压舱水管理公约》的国家的船舶仅能在本国领海内航行。
- 鉴于人们普遍对压舱水造成环境和经济负面影响缺乏认识，需要作出重大努力，使船员和港务人员认识到危害并接受培训。

未来几年，进一步的国际谈判与合作将是巩固、实施和扩展《压舱水管理公约》的关键因素。

2.3.3 压舱水处理技术的现状与未来发展

《压舱水管理公约》标准适用于排放的压舱水。然而，船东已充分意识到压舱水舱内的生物生长，因此许多船东已经配备或在未来将采用压舱水处理系统，以用于上下水的处理。

压舱水管理系统（包括压舱水处理系统在内）的设计和运行面临多重挑战。这些系统必须能用于不同类型的船舶，能有效地杀灭各种生物，并且能够在各种压舱水条件下（如盐度和温度的范围变化）有效和安全地运行。因此，根据多种基本技术原理，目前已形成了数百种不同的压舱水管理方法。这些原理涉及紫外线、氧化、脱氧、电解、超声波、热能以及化学杀菌剂（Latarche，2017）。然而，在已配备国际海事组织和美国海岸警卫队（USCG）批准使用的压舱水管理系统的诸多船舶中，绝大多数船舶采用两种主要的消毒技术（电氯化或紫外线照射）与过滤相结合的技术组合（Batista et al.，2017）。

但人们并不看好这两种技术。研究发现，常见的海洋浮游植物通常对紫外线具有抵抗力，较小的生物和微生物存活率较高，因此，压舱水仍然存在生物种群再度增长的问题（Davidson et al.，2017；Batista et al.，2017；Wollenhaupt，2017）。另一方面，由于河口上游和淡水环境的盐度较低，电氯化的消毒效率也较低（Batista et al.，2017）。此外，压舱水的若干种化学处理方法也会造成环境污染问题（Davidson et al.，2017）。

在当今尚无更有效的处理方法的情况下，未来将会有何创新？

其中一种解决方案是开发绿色、环保的处理方法，应对双重挑战，即以合理的成本大力杀灭外来物种，同时减少对海洋环境的影响。巴氏灭菌技术就是一个例子，它不需要紫外线、过滤器和化学物质。丹麦 Bawat BMS（2018）的目标是在 2019 年获得美国海岸警卫队（USCG）的批准。

同时，现有技术可通过进化式（而非革命性）的进步以及旨在减少现有技术缺点的创新而不断获得改进。迄今为止，已有超过 65 个压舱水处理系统获得国际海事组织的型式认证。在缓解措施（例如取样）方面，显然研究出了许多可以测试某些生物体的应用性方法，这些生物在后处理中的持续存在会受到监管机构的严厉处罚。虽然这类应用性方法不可能检测到国际海事组织或美国海岸警卫队条例中指定的所有生物体或细菌，但可以指示处理系统运行是否有效，并允许船舶操作员采取进一步行动。这些应用性方法普遍依靠小型、相对便宜的手持式设备，可用于检测压舱水中是否存在活体藻类和微生物活动等（Latarche，2017）。此外，最近对先进的实验室芯片检测仪器进行了测试，该检测仪器可以检测压舱水中某些微生物的各种特性，例如数量、大小、形状和体积（Maw et al.，2018），以及通过新一代 DNA 技术检测细菌等（Brinkmeyer，2016）。

2.3.4 经济成本和效益估算

遵照《压舱水管理公约》的规定，显然可以为环境带来巨大的潜在收益。然而，对于航运业来说，这涉及一定的费用，包括在新船安装在旧船改装压舱水管理系统。另一方面，造船和海事装备行业将由此获得额外收入。但额外的收入可能有多少?

近年来，多次试图估算压舱水管理系统的潜在市场规模，但任何估算都需要建立多种方案，因为船型和吨位不同，其压舱水量采用装备也不同。在对欧洲市场上生物淤积和压舱水成本及效益的研究中，Fernandes 等将压舱水量分为三类（即小于 1 500 立方米、1 500~5 000 立方米、大于 5 000 立方米），船舶划分为五类，吨位划分为四类（Fernandes et al.，2016）。三类压舱水量结合两类船舶，对应的压舱水量占世界船队压舱水量的 93%。如此分类，可以降低压舱水处理措施潜在估算成本的复杂性。例如，压舱水量少于 1 500 立方米的船舶都是客船和渔船，其吨位少于 1 万吨。

全球商船队中可能安装/改装压舱水处理系统的船舶数量的估计数值差异很大，取决于所使用的模型、所作的假设以及进行估算时的航运/造船周期关键时间点。一项粗略估算说明，如果《压舱水管理公约》得到充分遵守，在编写本报告之时至 2020 年期间，将有 68 000 艘船舶安装压舱水处理系统（King et al.，2012）。Linder（2017）预计将有 3 万~4 万艘船舶可供改装。另一项估算预计约有 25 400 艘船舶需要改装，每年新增需改装船舶数目为 1 000~2 000 艘（Clarksons Research，2017）。经合组织表示，预计在 2017 年 9 月至 2024 年 9 月期间，有 27 000~37 000 艘船舶将改装压舱水管理系统（OCED，2017）。

在改装压舱水管理系统的平均费用方面，估算价格也各不相同。一项估算估计成本支出为 8 万~15 万美元，安装费用为 10 万~100 万美元，运行费用为每吨压舱水 0.01~0.02 美元，取样费用为每艘船 75 000~125 000 美元（Linder，2017）。经合组织秘书处最近评估了《压舱水管理公约》在低、中、高三种费用方案的基础上对额外拆除量和改装活动的影响（图 2.3）（OECD，2017）。按照安装成本计算，在三种方案中，每艘船舶的安装成本从高到低依次为 300 万美元、150 万美元和 50 万美元。

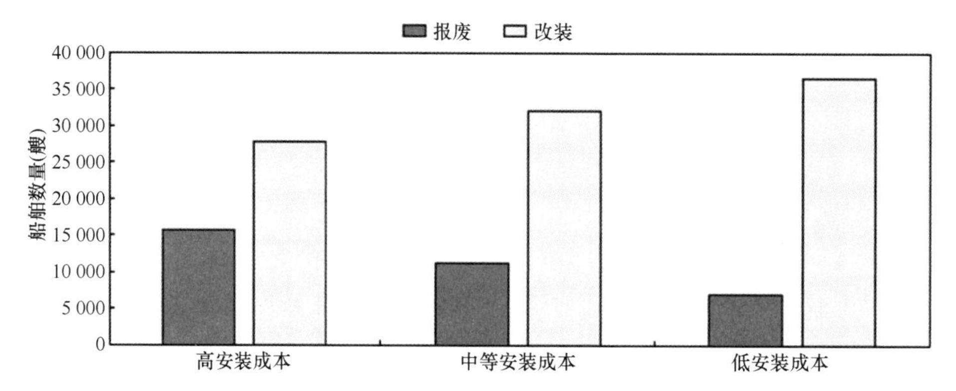

图 2.3 在低、中、高三种安装成本情景下改装压舱水管理系统的潜在需求（船舶数量）

资料来源：《促进绿色船舶建造和运营的部分措施分析》（OECD，2017）

http：//www.oecd.org/sti/sliipbiildina。

简单的计算方法是，以现有的 25 400 艘船为例，平均每艘船改装成本为 200 万美元，即潜在的全球压舱水管理系统市场价约为 500 亿美元。该数字与 Linder（2017）的 450 亿美元估值相符，而处于 King 等（2012）500 亿~740 亿美元估值的低位，估值时段为 2011—2016 年。显而易见，《压舱水管理公约》可能对船舶修理行业产生重大影响。在进一步分析的前提下，未来 7 年中，其创造的商机“可能占改装量的 20%~50%”（OECD，2017）。

在未来几年中，全球其他压舱水管理系统市场，实现其潜力的可能性有多大?

经济理论表明，实现的时间很可能比预期的要慢。如前所述，航运业对许多压舱水处理系统的有效性及其能否始终符合国际海事组织和美国海岸警卫队的排放标准表示担忧。此外，许多观察员认为国际海事组织的认证和测试准则含糊不清，可以有不同的解释。他们还认为美国海岸警卫队倾向于降低压舱水管理系统的测试标准，以便压舱水管理系统经美国海岸警卫队认证后顺利进入市场（King，2016）。King（2016）继续运用两种公认的理论方法来分析新兴压舱水管理系统市场的情况。第一种理论源自经济学家 Akerlof、Spence 和 Stiglitz 所做的研究，理论指出，“质量的不确定性”可能阻碍市场发展，或至少可能导致产品质量或工艺质量下降，特别是在由监管驱动的市场中。在压舱水管理系统市场中，一开始就缺乏严格质量标准的情况很可能导致以次充好的结果，从而破坏本可能成功的监管制度。第二种理论即“博弈论”，借鉴了经济学家 Harsanyi、Nash 和 Selten 的研究，重点探讨受监管行业如何通过实施旨在避免或推迟合规性或降低合规成本的战略来应对质量的不确定性。这表明，如果要建立一个有效和可行的管理制度，就需要各国政府和管理机构采取进一步行动。

然而，可以提出一种相反的论点，即美国海岸警卫队降低标准实际上可能是有益的，因为降低之后更可能形成单一且通用的国际压舱水标准。毕竟，美国海岸警卫队的标准比联合国国际海事组织的标准更严格，该事实造成了压舱水处理技术开发商以及船东在采用哪种标准和购买哪种技术方面的不确定性。

最后，应当指出的是，鉴于有限的压舱水处理系统的换装能力和船东需要支付相应的费用，在拟议的时间内满足《压舱水管理公约》的要求可能是困难的。

2.3.5 结论性意见

《压舱水管理公约》的成功实施，在进一步改进常规处理技术和创新环保技术（如巴氏灭菌法）的基础上，为海洋生物和更广泛海洋生态系统的生物多样性带来了巨大的利益，其经济利益体现在多个方面，例如沿海和港口设施维护费用的节省、本地渔业资源的增加、对海水养殖负面影响的减少和旅游收入的增加等。即便承担了安装和改装压舱水处理系统大部分费用的船运部门，最终也将受益，因为强制性压舱水处理的预期连锁反应会降低生物污损程度，从而节省燃料和减少排放；详细信息请参阅 Fernandes（2016）的文献。不过，鉴于有限的换装能力和船东需要支付相应的费用，在拟议的时间范围内满足《压舱水管理公约》的要求可能是困难的。在鼓励压舱水处理创新、确保实施和维持可行和有效的监管制度方面，公共政策仍具有发挥作用的空间。

2.4 案例 3：海水养殖业的创新

海洋水产养殖是一个突出的典型行业案例，强调了科技创新对经济和海洋生态系统可持续发展的促进作用。

2.4.1 经济和环境方面的挑战

近几十年来，世界人口的增长、收入的增加和食物消费模式的改变，所有这些因素都共同推动了对水产品需求的上扬，水产养殖业的重要性也因此日益提升。此外，随着捕捞渔业的增长趋于平缓，预计今后水产品产量的增长将主要依赖于海水养殖，这也进一步凸显了水产养殖在全球食物安全中的关键作用。

包括鱼类、甲壳类、软体动物和水生植物在内的海水养殖产量目前约为5 900 万吨，相当于全球水产养殖产量的一半多一点（FAO，2018），主要包括660 万吨鱼类、近 500 万吨甲壳类和近 1 700 万吨软体动物（FAO，2018）。养殖的水生植物多为大型藻类，即海藻，按重量计算，产量约为 3 000 万吨，占海水养殖总产量的一半以上，但就价值（117 亿美元）而言，它们所占的比例很小（FAO，2018）。全球海藻产量一直在快速增长，在 2005—2016 年期间增长了一倍以上，其中中国和印度尼西亚占主导地位，两国产量占全球海藻总产量的85%以上（FAO，2018）。

与过去几十年相比，未来水产养殖产量的增长趋势可能将放缓。国际组织的最新观点认为，2018—2027 年经济增速将放缓至 2. 1%，而上一个十年的增速为 5. 1%（OECD/FAO，2018）。重要的影响因素是：养殖鱼类饲料的原料日益稀缺、当前技术水平可供养殖的适宜场地有限，水产养殖的环境影响堪忧以及因沿海水域日益拥挤而增加了与其他海洋用户（航运业、捕捞渔业、油气业等）发生冲突的风险。此外，发放养殖许可证的大环境（Innes，Martini and Leroy，2017）和国家政策在其中也发挥重要作用。例如，在澳大利亚等地区划“申请即许可”水产养殖区（“investment ready”aquaculture zones）表明，国家政策起到鼓励生产的作用。与之不同，中国的渔业发展“十三五”规划（2016—2020年）预计国内渔业生产的增长将放缓，其目标已从过去的强调增加产量转向更可持续的发展和以市场为导向的发展，重点是提高质量和优化产业结构。由于中国的水产养殖产量在世界上处于重要地位，这将对全球水产养殖产量造成影响（OECD/FAO，2018）。

在未来几十年中，海水养殖可以实现更高的增长率，但这需要在几个层面取得显著进展。政策、许可和海洋空间规划方面的改进可为提高增长率作出重要贡献。不过，还需要采取措施减少沿海地区海水养殖的环境影响（例如破坏和/或污染沿海和水生生态系统、将外来物种引入生态系统、将疾病和寄生虫传染给野生种群等）、改进疾病管理、大幅提高肉食性养殖鱼类非鱼类饲料的比例以及在发展近海水产养殖的工程和技术方面取得更快进展（OECD，2016）。换言之，未来的水产养殖需要更加先进和智能的技术，需要“从经验驱动转向知识驱动”（Fore et al.，2018）。这反过来也彰显了在多个领域开展科技创新的必要性。

2.4.2 正在进行的创新

过去，水产养殖的创新在很大程度上是由技术驱动的。除了一些值得注意的、最近出现的例外情况，这类创新在很大程度上是通过技术转让运作的，即通过单学科研究产生新技术，由咨询服务等中介机构传播，再由养殖场采用。技术转让仍被视为水产养殖创新的主要方法，而且被南亚、东南亚和非洲发展中国家视为主导文化（Joffre et al.，2017）。毫无疑问，虽然技术转让带来了更多持续的创新和生产力的大幅提升，但这种做法越来越受到诟病，因为有人认为技术转让没有充分考虑到生态和社会可持续性，并给后代人的创新进程带来逐渐增大的挑战。另一方面，近年来，运用系统性的方法（例如系统创新、社会-生态方法）在发达国家已变得更加普遍，因为这些方法相对于创新而言，角度更切合实际且更全面。这些方法往往是多维的，把技术、生物物理、环境、经济和体制等诸多维度全面加以考虑（Joffre et al.，2017）。

鉴于水产养殖业的未来发展面临的上述挑战和变化，特别是发达国家大规模、集约化水产养殖的挑战和变化，系统性的创新逐渐成为人们关注的焦点。日益复杂的养殖业发展需要新的解决方案。例如，在鲑鱼养殖中，根据直接观察评估养殖鲑鱼的生存状况，并据以优化其生长和健康的做法，对于规模达到数百万条的鲑鱼养殖场来说，显然是行不通的。如果像预期的那样，养殖场开始向外海转移[2]进入更广阔的海上区域时，人员的进出将变得更加困难，远程自动化操作就显得十分必要（Fore et al.，2018）。

目前，正在开展的哪些创新有助于应对上述挑战？为此，下文综述了水产养殖规划、实施和运营各个阶段的进展，分别阐述水产养殖场选址、育种、饲养、废物控制、健康监测和处理以及工程解决方案等。

水产养殖场选址与区域评价

地球观测覆盖极广的空间范围，因此在支持水产养殖业达到诸多管理目标方面具有巨大的潜力，其中包括水产养殖场选址、养鱼场位置和周边地区的测绘以及环境监测（例如水质）和有毒水华的识别和跟踪（Kim et al.，2017）。

虽然地球观测已在水产养殖研究中应用多年，但可以预见的是，遥感技术将在未来对改善水产养殖管理作出较大贡献。近年来，遥感技术有所改进，卫星的空间分辨率非常高，可在较短的间隔内进行重新观测，因此扩大了跟踪和监测养殖场的能力。为此，人们计划发射更多这类用途的卫星。

当然，高昂的数据成本可能会限制对高级遥感数据的使用，特别是对发展中国家而言，但这种情况也在不断变化，越来越多来自光学和雷达卫星的高分辨率数据可以免费下载。美国地质勘探局 2008 年决定免费提供其地球资源卫星数据档案，这是一次具有开创性的决定。随着自由开放数据政策的实施，欧洲空间局“哥白尼计划”的高分辨率哨兵-1A/B 雷达卫星和光学哨兵-2A/B 传感器的应用前景也更加广阔（Ottinger，Clauss and Kuenzer，2016）。

海水养殖场的正确选址是成功的关键。在小于地球观测的空间尺度上，还有一些其他有用的工具可用于选址，其中包括基于地理信息系统的制图和建模。以地理信息系统为基础的制图使人们能够获得海洋和沿海数据集，为养殖场业主提供关于潜在地点可用性以及诸如环境相互作用和其他潜在海洋用户等关键信息。近期进展使得基于地理信息系统的制图与先进的建模相结合成为可能，从而提供更多的基本信息，例如对海洋学、海流、动物生长率、生产力和生态环境影响等的预测等。其结果是在提高养殖场生产力的同时减少对海洋环境的不利影响，大大加快了养殖场选址进程（Bricker et al.，2016；Lader et al.，2017）。

水华是水产养殖实实在在面临的巨大危害之一。世界上已经记录了大约 300 种不同类型的水华生物，其中大约 1/4 属于有毒水华生物。在浅水海域，有毒水华会给水产养殖造成直接威胁，甚至可能导致减产或绝产；即便是无毒水华，也可能通过大量消耗氧气构成间接威胁（Ottinger，Clauss and Kuenzer，2016）。近年来，在全球范围内发生了多次有害水华事件，如北美（从纽约到墨西哥湾以及加拿大和美国西北部的太平洋海岸）、斯堪的纳维亚半岛、苏格兰、加那利群岛、马德拉群岛以及西班牙和法国地中海等。许多地区发生的有害水华，只是一种自然现象，不一定是人类活动造成的，而且其随时间、空间和毒性的不同而各有差异。此外，随着气候变化压力的增加，人们认为，有害水华的暴发频率和严重程度可能会增加（Wells et al.，2015）。

水华造成的经济损失相当大。例如，2016 年发生的一系列有害水华事件给智利的水产养殖业造成了严重破坏：鲑鱼养殖户损失了约 3 900 万条鱼，相当于减少了10万吨的产量，价值约8亿美元（Anderson and Rense，2016）。在2013年，设得兰群岛就因为一次有害水华事件而损失了大约50万条鱼。直到最近，仅法国、爱尔兰、葡萄牙、西班牙和英国的贻贝业每年因有害水华造成的损失就超过3 000万欧元（Copernicus，2016）。根据对未来的预测，有害水华事件看来必将增加（Wells et al.，2015）[3]。此外，世界各地的海洋水产养殖能力不断增强，除非科技发展能够提供有效的早期行动预测工具（例如：移动养殖网箱或降低养殖密度，提早或延迟收获贝类），否则今后几年的经济成本可能会上升。

出路在于结合多种方法，其中包括地球观测、地面遥感、地理信息系统、新型毒素分析工具以及包括算法在内的数学模型等，形成综合应对系统。虽然数量很少，但这种结合观测、建模等来预测有害水华的系统确实存在。例如，美国国家海洋和大气管理局分别在佛罗里达州和得克萨斯州运行了一个预报系统（HAB-OFS），该系统以卫星图像、实地观测和数学模型为基础。这个系统的局限性在于只能识别可借助海洋水色算法从太空探测到的单一高生物量水华（Davidson et al.，2016）。

上述综合方法的另一个应用例子是“ASIMUTH”项目，即应用模拟和综合建模了解有毒和有害水华项目。该项目是为了满足利用地球观测数据对西欧沿海有害水华事件进行短期预报的需求而设立的（Davidson et al.，2016）。主要是利用遥感卫星数据和监测图像跟踪叶绿素和水温状况。该系统缩小了哥白尼海洋环境监测中心（CMEMS）的监测尺度，并将监测结果和有害水华专家的生物数据和研究结合起来，通过互联网或移动设备向水产养殖户发布警报，促使鱼类及贝类养殖场业主制订应对计划（例如提早收获），降低水华事件的影响。

预防有害水华可以带来经济和公共卫生方面的双重利益。经济利益来自准确的预测和养殖业主的及时行动［据估计，欧洲五个主要水产养殖国家的贻贝养殖户每年可多盈利250万美元以上（Copernicus，2016）］。公共卫生方面的利益表现为水产品的污染率较低，对人类健康的影响较小。

种苗选育

在水产养殖中，种苗选育的目标普遍在于增加产量、提高抗病性或缩短养殖时间来提高利润率。近几年来，企业级的选育项目已经证明可以获得很高的利润。例如，经过五年选育的鲈鱼或鲷鱼，其收入普遍超过当初的投资成本，而且从此毛利率还会继续增加。据估计，欧洲针对大西洋鲑鱼的选育计划每年可使产量提高 0.9%，年增利润总计近 3 100 万欧元。根据对鲈鱼、鲷鱼和大菱鲆的综合统计，选育的年增产量估计为 1 700 吨，年增利润 270 万欧元。随着更多企业开展鲈鱼和鲷鱼的选育工作，预计未来几年的利润将翻倍。

然而，随着人们对海水养殖带来的环境影响的担忧日益增加，盈利可能不再是今后的唯一目标。例如，过量的饲料和营养物排泄会显著加速局部水域富营养化。以欧洲网箱养殖的鲈鱼为例，如果不采取措施加以缓解，2014—2017 年间，虽然鲈鱼产量预计将增加近 14%，但富营养化的速度可能也要增加 14%（Besson et al.，2017）。此外，预计气候变化将导致水温上升且会更频繁地出现极端水温，进而使得富营养化问题加剧（Komen，2017）。

一般来说，海水养殖的盈利能力和潜在环境风险及影响存在显著的地域差异，并受到一系列因素的影响，这些因素包括网箱的数量和密度、养殖的物种、养殖场水域的特定生态和环境条件等。

但是，为使商业发展和环境可持续性之间达到更好的平衡，种苗选育在未来仍具有一席之地。提高鱼类的饲料转化率可以大大降低营养过剩对环境的影响，同时也可以降低饲料成本，提高利润。水产养殖的经济和环境可持续性已经成为鱼类养殖户的关键目标之一（Besson et al.，2017）。但是，未来的选育计划还需要考虑加强动物对气候和环境变化的适应能力，应提供更多的激励措施调整种苗选育方向，使选育计划形成新的环境效益。

在选择性育种的同时，基因组学方面的研究也取得了突破，预示着未来鱼类育种和水产养殖方面可能会有重要的改善。这些突破的基础是下一代测序技术的快速发展和对大规模测序数据集合的生物信息学分析，进而推进了水产养殖物种的全基因组测序。一项研究表明，已有超过 24 种养殖生物至少以草图形式完成了基因组测序（Yue and Wang，2017）。基因组测序和标记辅助测序技术都有助于实现亲鱼的快速改良，缩短育苗周期，与传统的种苗选育相比，可以快速为养殖场提供优良苗种。此外，标记辅助测序技术也受益于分子和基因组学工具在研究和产业层面上的改进整合。他们还预见到表观遗传学（表观遗传修饰是对细胞 DNA 的可逆修饰，在不改变 DNA 序列的情况下影响基因表达）的进展，这将使海洋生物的生化特性与环境因素之间的相互作用更加清晰，从而有助于水产养殖的可持续性和盈利能力（Yue and Wang，2017）[4]。

饲料

饲料是海水养殖中极为重要的投入，占水产养殖生产总成本的50%～80%（FAO，2017）。此外，饲料会以废物的形式（过量食物、营养物排泄等）排出，这将对环境产生很大的影响。

近年来，在不损害养殖鱼类健康或影响其行为的情况下，研究人员逐渐减少或取代养殖饲料中的鱼粉比重。例如，在鱼粉和鱼油的现有产品中，水产品加工下脚料约占25%～30%（Shepherd，Monroig and Tocher，2017）。鱼片需求量的增加导致产生了更多的下脚料，同时，生产效率的提高有助于从下脚料中回收更多的鱼油和鱼粉。这意味着，在2018—2027年期间，利用水产品下脚料生产的鱼粉和鱼油，其产量预计将继续上升（增长率分别为每年2.8%和1.6%）。在此期间，从水产品下脚料中获得的鱼油占比要从39%上涨到41%以上，以下脚料生产的鱼粉占比将从29%上升到33%以上（OECD/FAO，2018）。越来越多地利用水产品下脚料生产鱼粉和鱼油，对鱼粉和鱼油的成分和质量的影响也是一个不确定因素，因为这通常会使得鱼粉和鱼油中矿物含量增高、蛋白质含量减少。

鱼粉的新型替代成分包括微藻、昆虫加工的饲料和植物性饲料。人们认为，微藻是一种环境上可持续的替代品，因为可以大规模养殖，但一般不用于人类食用（Perez-Velazquez et al.，2018；Henry et al.，2015）。植物性饲料包括酵母发酵的油菜籽粉、大豆和谷物等。在植物性饲料替代鱼粉的比例方面，结果令人振奋（Dossou et al.，2018；Torrecillas et al.，2017；Davidson et al.，2016）。

同样，研究人员对鱼油替代品进行了大量研究，这不仅是因为全球无法满足未来水产饲料（尤其是肉食性鱼饲料）对鱼油日益增长的需求，而且也需要开发新型替代性油脂，来确保水产养殖领域未来的发展（Davidson et al.，2016）。部分研究表明，植物油（如豆油、亚麻籽油、菜籽油、橄榄油、棕榈油等）和藻油对各种鱼类和甲壳类动物［如欧洲鲈鱼、真鲷、大西洋鲑鱼、眼斑拟石首鱼（俗称美国红鱼）、虹鳟鱼和虾类］的替代率很高。关于最近研究的综述，可参阅文献中的案例（Yildiz et al.，2018；Torrecillas et al.，2017；Shepherd，Monroig and Tocher，2017）。

在挪威鲑鱼养殖中，日益增多的海洋鱼粉鱼油替代品对鱼类营养构成的影响得到了很好的证明，其中，1990—2013年期间，纯海洋鱼粉鱼油的比例从近

90%下降到不到30%（见图2.4）。

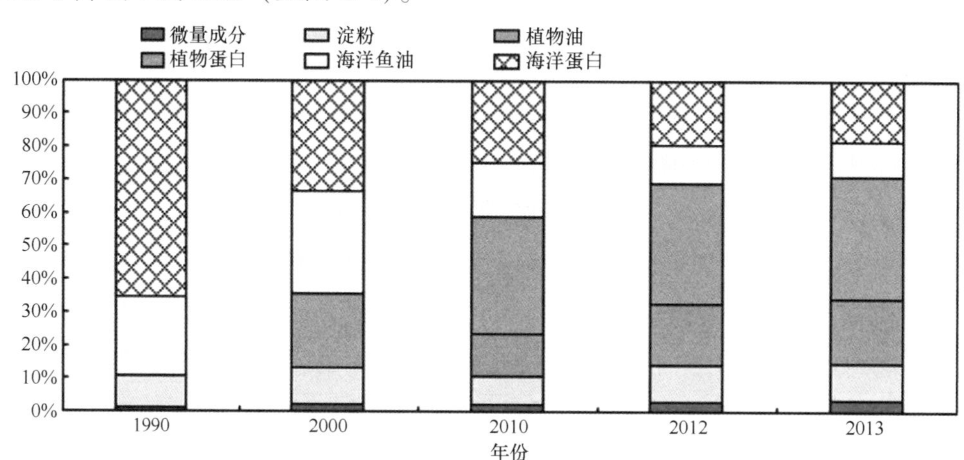

图2.4 1990—2013年挪威大西洋鲑鱼养殖饲料的营养来源

每种成分类型都以占总食物百分比的形式展示

资料来源：《挪威大西洋鲑鱼（*Salmo salar*）生产中饲料资源的利用》（Ytrestøyl，Aas and Åsgård，2015），http：//dx. doi. org/10. 1016/J. AOUACULTURE. 2Q 15. 06. 023。

就环境而言，尽管水质较差并不会对鱼类的行为产生负面影响，但目前研究已发现不含鱼粉的饮食会使养殖鱼类产生更多的废物，特别是总磷和固态总悬浮物，同时影响溶解氧含量（Shepherd，Monroig and Tocher，2017）。不过，这是一个可以通过废物处理技术解决的问题（见下一小节）。

在经济方面，对鱼粉和鱼油替代品需求的不断增长正在转化为对替代性饲料和补充剂需求的不断增长。业内人士估计，2017年全球水产饲料市场的价值超过1 000亿美元，预计到2022年将超过1 720亿美元，相当于10%左右的复合平均增长率（Research and Markets，2017）。

废物处理

海水养殖以不同的方式影响海洋环境。如上所述，在某些类型的养殖场（特别是鱼类养殖场），营养污染和时而发生的化学污染导致水质下降。影响的程度取决于养殖品种、网箱养殖密度、饲养方法和地点等因素。其他类型的水产养殖，特别是藻类和贝类养殖，具有改善水质的潜力：藻类通过吸收氮、磷和碳，贝类通过减少浮游植物，从而降低富营养化。

解决鱼类养殖污染问题的一个系统方法是引入多营养层阶综合水产养殖法

(IMTA)，即仿效自然生态营养循环，在养殖区内同时放养不同营养阶的动物。投饵养鱼类会产生过量的有机物，进入水体则成为贝类的饵料和藻类的营养来源。

普遍认为，IMTA 在显著提高水产养殖业可持续性方面具有相当好的应用前景，因为它有助于实现多个目标，包括提高生态效率、环境可接受性和盈利能力。然而，尽管在亚洲许多地区都建立了良好的 IMTA 养殖体系，但西方国家的养殖业者却很少采用 IMTA 养殖模式，原因是其在西方国家面临许多障碍。例如，在欧洲，IMTA 面临的挑战包括缺乏高质量的当地苗种、立法问题、研发知识匮乏、难以处理 IMTA 的复杂性以及公众的接受程度较低等（Kleitou，Kletou and David，2018）。

此外，还有其他创新应运而生，这些创新应该能够解决海水养殖面临的诸多污染问题。这些技术包括传感器平台（可以检测落入网箱底部的残饵）、算法程序（据以确定最适宜投饵量，以提高食物的利用效率）以及自动化投喂技术。在自动化投喂技术体系中，可以通过一系列技术手段观察鱼类的行为变化，这些技术包括声呐、计算机视觉技术、声学遥测、与遥感相结合的空间数学模型和人工智能（Fore et al.，2018）。

病虫害控制和治疗

水产养殖病虫害是导致水产养殖产量降低的主要原因之一，由此导致的产量损失约占水产养殖产量总损失的 40%（Bastos Gomes et al.，2017）。近几十年来，许多养殖病虫害的暴发造成了特别重大的损失[5]。目前正在探索各种创新，以期解决这些问题。

a）抗病育种。

全球水产养殖产量的增加带来了许多挑战，包括淡水和海洋环境中病虫害带来的威胁。病毒性疾病，如传染性胰脏坏死、胰脏疾病、心肌病综合征、心脏和骨骼肌炎症等，过去曾对许多鲑鱼养殖场造成严重破坏。人们认为，鱼虱是世界各地鲑鱼可持续生产的主要威胁，曾造成重大的经济和环境危害。选择性育种可以降低对这些病原体的易感性，但常规途径需要几代育种才能达到效果。就大西洋鲑鱼而言，据称，分子遗传学工具（例如标记辅助测序、基因组选择）有效地提高了筛选抗病原体和抗寄生虫品系的效率（Norris，2017）。

最终，随着测序成本和基因分型难度的下降，以及气候变化和病原体威胁的增加，预计水产养殖科学将从基因组选择转向基因分型。换言之，应该可以实现针对具体位置甚至养殖场中幼鲑的基因型定制，从而提高其存活率（Norris，2017）。

b）病虫害预防。

近几十年来，研究人员通过对淡水养殖品种在生长早期接种疫苗，有效地控制了水产养殖中的细菌性疾病及其带来的损失。然而，这并不适用于所有地区和所有物种。例如，温水鱼虾疫苗的商业开发活动仍然相当有限，需要进一步发展（Dadar et al.，2017）。相比于细菌性疾病，病毒和寄生虫引起的病虫害的控制研究成果相对较少（Norris，2017）。事实上，对一些专家而言，水生动物疫苗开发仍处于起步阶段，要获得具有成本效益的多组分疫苗，还需要克服诸多障碍（Dadar et al.，2017）。

预防治疗的成功对于水产养殖的可持续增长至关重要，其增长速度需能够满足不断增长的世界人口对鱼类需求的日益增长。关注更大尺度的经济和环境可持续发展是水产养殖卫生行业的关键驱动因素之一，该行业估值已达5亿美元（Business Wire，2016）。

c）病虫害监测和检测。

鲑鱼养殖特别容易受到致命的细菌病原体（如沙门双立克次体）和鱼虱（*Caligus rogercresseyi*）暴发的影响。并且，这些危害因素的检测需要大量的时间和经费。Fore 等（2018）认为，使用光学工具可以对这些危害因素进行自动化检测。可以采用光谱分析来区分鱼虱和鲑鱼皮肤，高光谱分析可用于检测鱼虱侵扰引起的鲑鱼皮肤颜色和质地的变化。然后，可以通过人工智能应用程序连续估算鱼虱数量。该应用程序将鱼虱估算数量与标准限值进行比较，并在接近限值时向养殖场业主发出警示，以便采取行动。关于这一点，详细信息请参阅 López-Cortés 等（2017）和 Gomez 等（2017）关于 eDNA 方法潜力的讨论。

d）治疗。

病原体引起的许多病虫害普遍采用化学方法治疗（在某些情况下是预防）。这类方法在欧洲、亚洲和拉丁美洲等的许多水产养殖国家获得广泛的应用，但其明显缺点是某些化学品可能对环境和人类健康造成负面影响。几年前，抗生素获得广泛的使用，后来人们证实使用抗生素具有较大的负面效应，尤其是靶病原体会产生抗性。此后，人们开始担忧长期使用抗生素产生的耐药性对人类健康的影响。因此，现在许多国家开始严格监管水产养殖用抗生素，目前抗生素的使用量已经显著减少（2015年智利的情况是特例）。从另一方面来讲，改进监测和预防的措施也有助于降低使用抗生素的必要性。在这个方面，挪威做得非常成功，自20世纪90年代以来，挪威抗生素的用量急剧下降到几乎为零（Grave and Oslo，2016）。

目前，人们逐渐将注意力转移到其他控制病虫害暴发的手段上，其中，天然防治手段最为热门。例如，目前正在研究利用药用植物、海藻、草药等天然产品来控制鱼类和对虾的病虫害（Thanigaivel et al.，2016）。利用生物技术进行病虫害防治也有一定的进展。一些针对病原体的新型生物防治措施也获得开发，具有较好的应用潜力，例如使用能够杀死特定细菌的噬菌体、细菌生长抑制剂和细菌毒力抑制剂等（Defoirdt et al.，2011）。截至本报告发表时，上述生物防治措施仍处于研究阶段，尚未在水产养殖设施中进行商业化测试。

在鲑鱼和虹鳟鱼养殖中，使用清洁鱼［例如，在北欧和西北欧使用裂唇鱼（*wrasse*）和圆鳍鱼（*lumpfish*），在智利使用锯盖鱼科鱼类）］自然清理鱼虱的方式已获得推广。这些清洁鱼在欧洲的使用量已大大增加。仅在挪威，清洁鱼的使用量就从20世纪90年代的少量增加到2000年的1 800万尾，2016年已超过3 700万尾（OECD，2017；Norwegian Directorate of Fisheries，2018）。在鲑鱼水产养殖中使用清洁鱼是体现经济发展和环境可持续性相协调的典型创新案例[6]。

海水养殖工程与作业

在外海开展海水养殖是今后增加海水养殖产量的有效途径。与近海水产养殖相比，外海水产养殖可能存在诸多优势，比如空间限制少、环境影响低、与其他海洋用户发生冲突的风险较低、病虫害问题也较少。然而，目前几乎没有大规模的外海养殖场处于运营状态，因为其中面临着一系列挑战，主要包括：能够承受外海恶劣条件的结构设计，进入养殖设施进行监测、收获和维护的可行性，通信以及人员安全等。

假使这些挑战能够成功解决，海上水产养殖的理论潜力究竟有多大？

关于该主题的最新研究表明（Gentry et al.，2017），适合海水养殖的潜在总面积是巨大的。据估计，全球适宜鳍鱼类养殖的海域面积超过1 100万平方千米，适宜贝类养殖的海域面积超过150万平方千米，足以满足每年150亿吨水产品产量的需求，该产量是目前全球海产品消费水平的100倍。该评估过程首先将200米等深线以内大陆架的可用海域总面积剔除，然后评估并推导适宜生长区域的一系列主要限制条件：海洋保护区、航运交通、石油钻井平台、低叶绿素浓度区（贝类养殖）和低溶解氧区。我们为每个变量都选择了保守的阈值，因此会有部分实际上可以支持海水养殖的区域被剔除。结果，鱼类养殖面积由原来的26 748 980平方千米下降到现在的11 402 629平方千米，贝类养殖面积减少到1 501 709平方千米。最终适合养殖的全球海域包括热带和温带国家管辖水域，许多海域位于热带地区。如果本分析中认定的适宜海域均得到开发，那么潜在产量非常可观，预计每年可以产出150亿吨水产品，是目前全球海产品消费量的100倍。

此外，环境、经济和社会因素可能也会制约水产养殖业的选址。环境因素可能包括对环境敏感和/或生物多样性较高的水域，如珊瑚礁；经济因素包括养殖区距港口的距离或进入市场、军事区、海岸基础设施以及智力或商业资本；社会制约因素包括野生渔业、就业、价格和文化遗产之间的互动。潜在养殖空间的其他用途，例如军事用途或能源生产等，也可能限制可用空间，最终导致估算面积的进一步缩小。但鉴于总体可用空间的规模很大，仍有足够的空间来调整未来水产养殖场选址以适应这些额外的限制因素（Gentry et al.，2017）。有些专家开展了类似的研究（Oyinlola et al.，2018），但采用了不同的方法，且考虑了较少的约束因素，因此其估算值较高。

显然，在以经济发展和环境可持续的方式充分开发和扩大这种巨大潜力之前，还需要进行更多的研究，并设计和实地测试许多工程解决方案。已经提出了许多新的模型[7]。

目前，新设计的养殖设施容量更大，可容纳数百万条鱼，远高于目前的数千条。在编写本报告时，其中一些水产养殖设施已经接近完成甚至已经投入使用。其中最重要的是Salmar的“海洋农场1号”，该设施于2017年在挪威海岸建设，并于2018年晚些时候全面投入运营[8]。美国公司InnovaSea正在开发一个替代概念，即一套固定在海底可配置成网格系统的水下网箱[9]。

鉴于可供海水养殖的潜在海域面积较大，在长时间尺度范围内，如此大规模的外海水产养殖的发展可能带来巨大的商机，同时会对全球水产养殖的可持续性作出重大贡献。预计这些商机并不局限于水产养殖自身的有效性和可持续增长带来的收入，还将以许多适宜的新型经济活动的形式出现，这些活动将成为水产养殖行业不可或缺的组成部分。对于鱼类和藻类而言（Kim et al.，2017），这些商机涵盖从大规模开发和安装用于远程作业的自主系统和技术以及复杂的决策支持系统，到设计和建造用于开阔水域作业的新型服务船舶以及用于现场评估、维护和维修的自主和遥控运载器。

然而，这一时代的到来需要科学、技术和经济研究多学科的交叉来铺平道路。这同样适用于外海水产养殖的环境影响和海洋承载能力。由于全球只有少数海上水产养殖项目实际运营，关于其生态系统影响的数据非常有限。因此，设定具有生态意义的参考指标（例如最小距离、深度、海流流速等）的基准具有较大挑战性。如果没有来自实际影响分析提供的数据，就必须首先使用基于理论模型的方法来探讨潜在风险，可以采用类似于捕捞渔业研究中通常采用的方法进行风险评估（Froehlich et al.，2017）。

2.4.3 结论性意见

在本案例介绍的诸多创新中，如果有很大一部分能够在短期内投入使用（特别是那些能够降低海水养殖对环境影响的创新），那么，海水养殖的产量将比一般预期的增长速度更快。多年来，水产养殖产值的增长一直高于其产量的增长，因此，创新所带来的经济回报可能有助于减少上述因素对产量增长的限制。这可能意味着全球海水养殖行业的总附加值以每年超过5%的速度增长，2011—2030年期间，其行业价值将增加两倍，达到110亿美元左右（OECD，2016）。此外，最近的研究表明，在价值链的下游还可能产生积极的连锁效应。对爱尔兰的投入产出分析表明，提高水产养殖产量可为水产养殖和海洋水产品加工业带来大量收入和就业机会（Grealis et al.，2017）。

2.5 案例4：钻井平台和可再生能源基础设施转化为人工鱼礁

2.5.1 经济和环境方面的挑战

海上油气开采设施退役是一个快速发展的行业，具有强劲的发展前景。目前全球有超过8 000座现役海上油气平台（OFS Research/Westwood Global Energy Group，2018），其中绝大多数分布在墨西哥湾和西欧。东南亚有近1 400座平台正在运营，亚太地区约有1 800座（Jagerroos and Krause，2016）。

虽然在过去几十年中已经有数千座平台退役，主要是在墨西哥湾，但海上油气平台退役行业仍处于起步阶段。油气业目前每年约有120座平台退役（International Energy Agency，2018），其中大部分在北美。在未来几年里，这种情况将继续迅速发展。据估计，2016—2020年期间将有600多座平台退役，2021—2040年期间将有2 000多座平台退役（Cimino，2017；IHS Markit，2016）。这些估计数与国际能源署最近公布的估计数（International Energy Agency，2018）大体一致，即到2040年将有2 500~3 000座海上平台退役。迄今为止，大部分平台退役发生在北美洲，但今后25年，平台退役的地域范围将扩大许多，包括中美洲和南美洲、欧洲、非洲、中东、欧亚大陆和亚太地区。

而且，目前已经退役的主要是浅海钢制平台。在未来几年中，将有更多的深水设备和海底连接设备（通过立管将海底设备连接到浮式船舶或平台）的使用寿命即将结束。这类设备的退役更为复杂，意味着所涉及的工程、财政和环境挑战急剧增加。随着时间的推移，需要将风力涡轮机添加到需要拆除的设备清单中，因为它们的预期寿命仅有20~30年（Smyth et al.，2015）。

从技术上来讲，海上钻井平台的退役有多种选择——从完全拆除到部分拆除，再到将其改造成人工鱼礁（表2.4）。

表2.4 海上钻井平台退役方案

选项	描述
陆上处理	将设备运到岸上，进行清洗，以便钢铁工业加以回收利用，或者在授权的地点进行处置
现场倾倒	清洗装置，切割分段放置或倾倒在海床上
深水放置	清洗装置，然后拖曳并将其放置在深水现场
现场留置	使装置安全地留在现场
人工鱼礁	清洗装置，并将其改造为人工鱼礁，以改善当地海洋生物的生活环境
在其他地点重新使用	清洗装置，进行无损检测，拆卸并运输到满足平台使用条件的另一个场地加以安装
重新用于另一个领域	保证装置的安全，并将其用于其他可能的用途/目的

资料来源：《近海基础设施退役：对利益相关者观点和科学优先事项的审查》（Shaw，Seares and Newman，2018），http：//www.wanisi.om.au/decommissioning-offshore-infrastructure-review-stakeholder-views-and-science-priorities。

目前，许多国家规定的退役办法是完全拆除平台。石油和天然气公司普遍需要采取一系列步骤来安全地拆除设备：停止生产，安全封堵和废弃泥线以下的海底油井，清理和拆除所有生产和管道立管，将平台从其基座上移走，放置在陆地上的废品场或加工厂进行处置并确保没有可能妨碍现场其他用户的碎片残留。这使得海上平台退役成为一项昂贵的业务。最大的费用往往消耗在封堵和弃井上，通常需要用专用钻机安装水泥堵头。同时，顶部和下部结构的拆除、运输和岸上解构也非常昂贵。当然，通过出售废弃钢材可以回收一些成本，海底材料具有很高的再利用价值。据估计，到 2040 年，西欧的设备退役支出总额为 1 020 亿美元左右（Westwood Global Energy Group，2018），亚太地区为1 000 亿美元（Slav，2018），澳大利亚地区为 400 亿美元（Khan，2018），其中很大一部分费用可能通过税收减免由公共资金承担（Osmundsen and Tveterås，2003）。

平台退役在环境影响方面争议很大，全球各地的退役做法差异也很大。在监管框架内进行退役的地区，法规规定平台不得遗留在原地，必须拆除。然而，在一些区域（例如美国），政策规定只要合适，就鼓励平台原地保留；在其他地区（如实施《保护东北大西洋海洋环境公约》的地区），可以选择减损措施，但是必须拆除，还有一些地区（如印度尼西亚），则根本没有监管机构框架。

在很大程度上，这种差异是由于人们对部分或全部拆除平台的环境影响存在认识上的分歧。事实上，最终决定如何退役往往需要进行艰难的权衡。例如，若部分拆除平台但遗留下水下构造物，可能导致自然生态系统的化学污染；若在潮间带近海遗留设备，可能为入侵物种的扩散创造条件。另一方面，完全清除可能导致污染物扩散到平台所在地以外的水域，进而威胁到濒危物种，破坏底栖生境和食物网。

在全球范围内，特例除外（见下文），监管制度似乎没有什么变化。然而，在专家层面，观点可能正在发生改变。美国生态学会最近的一项全球专家调查报告表明，专家们呼吁全球关注基础设施拆除对环境和海洋生态系统的影响（Fowler et al.，2018）。虽然学会专家确定了部分和完全拆除方案的负面影响，但许多专家认为，集中清除基础设施是新的大规模扰动的潜在来源，并呼吁对退役方案进行评估，以应对更广泛的环境问题，包括加强生物多样性、形成鱼礁生境和避免拖网捕捞等。

然而，归根结底，每一个退役案例都取决于其本身的地理位置和水文状况、财政水平、监管能力、技术和环境条件等。

2.5.2 将油气平台改造为人工鱼礁

由于人们越来越意识到环境带来的影响，也意识到恢复生态系统的可能性，近年来，人们对将多余的油气平台转化为人工礁石的兴趣日益浓厚。

这类结构的人工鱼礁已经应用了几百年。不过，最近的新现象是设计和实施允许甚至鼓励将海上结构转化为人工鱼礁的项目，即所谓的钻井平台转化为鱼礁的计划或项目。泰国、马来西亚和文莱等国家已发起了若干个这类项目。但在美国，这类人工鱼礁的建造进展最为切实，尤其是在墨西哥湾（图 2.5）。实际上，美国实施了世界上最大的钻井平台转化为鱼礁的项目，即“路易斯安那州人工鱼礁计划”。海上平台的退役由海洋能源管理、监管和执法局（BOEM）承担管理责任，州当局和包括美国国家环境保护局、美国国家海洋和大气管理局、美国陆军工程兵团、渔业和海岸警卫队在内的若干个联邦机构承担咨询责任。

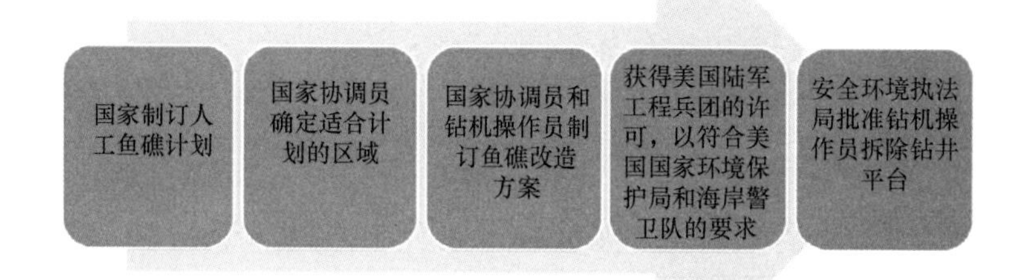

图 2.5 钻井平台转化为鱼礁的改造计划在美国的运作方式

资料来源：《钻井平台转化为鱼礁项目计划》（Grasso，2017），在经合组织创新促进可持续海洋经济研讨会上的发言，2017 年 10 月 10 日至 11 日，意大利那不勒斯。

并不是所有的平台都适于转化为人工鱼礁。转化的资格取决于工程标准，决策过程中有许多标准，包括平台的体积、结构完整性和位置。一般而言，首选复杂、稳定和清洁的平台转化为鱼礁（BSEE，2015）。截至 2016 年，共有 516 座平台已经转化为鱼礁，相当于 1987 年以来墨西哥湾退役平台数的 11%左右（Grasso，2017）。

美国的实践使人们认识到节约和经济利益如何在转化过程中发挥作用。对石油和天然气公司来说，经济诱因在于完全拆除平台和为了转化为鱼礁而仅部分拆除平台之间的差别。对环境的经济利益是，石油和天然气公司节省的资金中，约有一半用于政府的人工鱼礁计划，以支持人工鱼礁的建设。

钻井平台转化为鱼礁项目计划的生态系统利益评估

在提高或恢复鱼类和贝类资源量以及生物多样性方面，钻井平台转化为鱼礁的项目计划迄今取得了多大的成功？如上所述，最全面的平台转化项目计划是在美国水域（墨西哥湾和太平洋）实施的，该项目计划对以上问题进行了大量研究。就墨西哥湾而言，某一特定鱼礁转化地点上的设备数量似乎会对某些种类生物的密度产生相当大的影响（Ajemian et al.，2015），尤其是具有重要经济效益的美国红鱼（眼斑拟石首鱼）种群。Claisse 等（2014）以加利福尼亚沿海水域为中心，将分布在油气构造物上的鱼类群落的年度次生生产力与天然珊瑚礁区以及其他海洋生态系统鱼类群落的年度次生生产力估计数进行比较（次生生产力是指在一段时间内，某一特定区域所有个体生长形成的新生物量），结果发现，在已研究的海洋栖息地中，加利福尼亚州沿海的油气平台在单位海底面积上的次生鱼类产量最高，比其他海洋生态系统的鱼类群落高出一个数量级。

然而，也出现了一个备受争议的问题，即是这些构造物为该水域的鱼类种群带来净增长，还是它们仅仅吸引了周围水域现有的鱼类种群（这一点很重要，因为在构筑物周围的这种鱼类聚集可能会吸引更密集的捕捞，长期而言可能导致渔业资源的过度开发）（Claisse et al.，2014）。在加利福尼亚州水域的案例中，他们得出的结论是，“平台并没有将鱼类吸引到其自然栖息地中，而是使种群数量实现净增长”。然而，他们指出，这一发现可能不太适用于所有物种和所有平台。在地中海最大的人工鱼礁（Cresson，Ruitton and Harmelin-Vivien，2014），人们还发现，非天然鱼礁可以提高当地的次生生产力。科学研究也证实了新鱼礁栖息地通过充当鱼类聚集装置而有效地增加了当地鱼类和无脊椎动物群落的丰度，但它们也提出了“吸引力”相对于“种群增加”的问题（Jagerroos and Krause，2016）。

如前所述，世界上没有多少区域像美国那样制定了平台退役条例，美国对钻井平台转化为鱼礁采取了灵活的、甚至不利的做法。属于《保护东北大西洋海洋环境公约》管辖的北海就是一个很好的例子，那里从未实施过钻井平台转化为鱼礁的项目。然而，近年来的一系列科学研究表明，让钻井平台转化为鱼礁很可能是一项适合于保护北海鱼类的战略，因为可以对深海底栖生物群落产生积极影响，为某些鱼类种群提供安全港，并为冷水珊瑚提供栖息地。日益增多的退役项目为建立大规模鱼礁系统以造福海洋生物提供了机会（Jørgensen，2012）。截至2017年，《保护东北大西洋海洋环境公约》准则尚无变化，但来自工业界、科学界和环保团体的呼声越来越高，支持将北海钻井平台转化为鱼礁；详细信息请参阅 Porritt（2017）的论文。

然而，即便实施了转化，也可能很难实现重大的、广泛的变革。例如，挪威大陆架目前有12座混凝土构造物、23座钢制浮动构造物和59座位于海底的钢制构造物，此外还有近400座海底构造物。挪威当局目前共批准了约20份退役计划，其中6份是在过去两年批准的。在今后五年中，最多有1/4的现有油田可能被关闭。但管理挪威大陆架的规则和条例规定，构造物必须全部拆除；只有在极其有限的情况下，才能将寿命终止的构造物遗留在油田上（Norsk Petroleum，2018）。在深海油气田部署浮式装置，可能有一定的回旋余地。锚固结构和电缆连接可以用于海上风力发电场，甚至未来的深海鱼类养殖。

迄今为止，进行的多项研究结论表明，虽然美国的经验总体上是非常积极的，但仍不清楚这种经验是否适用于其他地区和其他环境（Techera and Chandler，2015）。正如专家指出的，一些已运行多年的海上平台并未像自然礁区那样形成底栖生物或鱼类群落的多样性（Jagerroos and Krause，2016）。事实上，每个地点的构造物在海洋生物、底物、洋流、与天然鱼礁的接近程度等方面都显示出不同的特点（Lyons et al.，2013）。

科学在评估钻井平台转化适宜性方面的作用日益增强

目前的科学观点普遍认为，钻井平台转化方案必须事先评估决定其转化成功与否的诸多因素和标准。这些因素包括现场和更远处海洋生物的组成、环境风险、生物多样性保护问题、地点问题、优先事项的确定、潜在利益和取舍以及利益相关者参与等事项。

这同样适用于北海，因为北海严重缺乏数据，不能充分了解人造结构如何相互作用并对生态系统造成影响（UK Department for Business，2018），为此需要进行大量的国际研究，欧洲资助的 INSITE 项目就是其中之一。该项目旨在帮助确定人造结构对北海生态系统影响的大小（在不同的时空尺度上考虑），并确定北海的人造结构在多大程度上（如果有的话）代表一个大型的相互连接的硬基底生态系统（INSITE International Scientific Advisory Board ISAB，2018）。迄今为止的研究结果表明，油气平台确实为某些物种创造了硬底物生态系统网络，这些物种可能会通过幼体扩散，在深海、峡湾或珊瑚礁海洋保护区的其他不同网络之间发挥桥梁作用（Henry，2017）。实际上，迄今为止的研究表明，该项目采用的网络分析建模工具可能有助于支持退役决策。项目还展示了 DNA 条形码和种群指纹在支持特定物种连通性建模方面的价值。

一方面，世界其他地区也越来越意识到转化钻井平台的潜在利益，而另一方面，相关的科学研究工作也迫在眉睫。例如，在澳大利亚，国家海洋石油安全与环境管理局一直在探讨这类退役备选方案，并正在对钻井平台转化为鱼礁的方案进行大量科学分析，其中不仅考虑到了许多油气平台作业的水深，而且也考虑了监测的不确定性。2018 年 1 月发布的新退役指南指出，“除完全拆除之外，还可以考虑其他选择，但设备的所有者必须证明与完全拆除相比，替代方案可为环境、安全和钻井完整性方面带来相同或更好的成效”（Department of Industry of the Australian Government，2018）。

此外，2018 年 1 月，西澳大利亚海洋科学研究所公布了关于退役问题的多方利益相关者的协商结果（Shaw，Seares and Newman，2018）。从该项目中得出的主要信息包括：

- 在决策者和利益相关者能够切实有效地考虑各种退役方案之前，需要通过科学来解决知识缺口问题。
- 利益相关者的首要任务是对短期和长期环境风险的把握和/或对不同退役方案的可接受性的把握。

在东南亚，已经运行的 1 700 座油气平台中，约有一半已经使用了 20 余年并且即将退役。一些国家正在研究将平台转化为人工鱼礁的可行性（Jagerroos and Krause，2016）。

2.5.3 海上风电平台转化为人工鱼礁

底部固定式海上风电平台转化为人工鱼礁依然具备潜力。如前所述，海上风电行业在过去的几十年中经历了惊人的增长，从几乎零起步到 2016 年的 14 吉瓦总装机容量。中期未来的增长也步入正轨，预计到 2022 年全球总产能将增加两倍，达到 40 吉瓦以上。长期的前景表明，到 2030 年，装机容量将再增加两倍，达到约 120 吉瓦，其中绝大多数将是底部固定式装置产生的（GWEC，

2017）。

海上风电装置的预期使用寿命约为25年。在21世纪初开始运行的海上风电装置预计将在21世纪20年代退役。因此，在大规模退役之前仍有若干年时间。何时退役和退役多少将取决于各种因素，包括新技术的出现、确定更合适的场址以及设备升级的费用。所有这些因素都可能导致许多现有设备的经济性欠佳（International Energy Agency，2018）。

鉴于这些前景和北美将油气设施转化为人工鱼礁的积极经验，研究人员正在将注意力转向将海上风电平台转化为人工鱼礁的潜力。出于法律、财政和环境方面的原因，退役要求通常是所有海洋开发许可证和同意书的组成部分，海上风能也不例外。海上风能设施退役的备选方案是完全拆除或仅部分拆除，保留一些基础结构。虽然海上风电平台的总体结构不同于海上油气钻井平台，但人们认为，其适用转化为人工鱼礁的一般原则，包括对生态系统保护和发展、渔业和娱乐活动的潜在利益。不过，两种平台差别较大，因为油气钻井平台可以安装在深水中，因此与位于浅水域的风电场相比，航行风险较小。但这种风险与部分拆除为生态系统带来的惠益，或是与完全拆除所降低的能源和劳动力成本以及安全风险相比，都显得微不足道（Smyth et al.，2015）。

与钻井平台转化为人工鱼礁类似，海上风电平台转化的净收益也存在着一些问题，这些问题将在新的海洋生物生产力方面给生态系统带来影响。迄今为止，几乎没有风电平台退役，因此证据有限。然而，许多研究表明，海上风电平台基底周围物种数量增加通常与对当地生态系统的积极影响有关；详细信息请参阅相关研究报告（Bergström et al.，2014）。利用改进的数据和先进的建模技术，一些科学家最近开始将海上风电场的扩展计划与未来对某些种类的海洋生物的影响联系起来。根据预计，在北海南部所有计划中的海上风电平台竣工后，紫贻贝的总丰度将增加40%以上，从而增加食物来源（也为甲壳类动物提供食物来源）。由于紫贻贝能够滤食浮游植物，因而对生态系统有益（Slavik et al.，2018）。在研究了塞纳湾（英吉利海峡）生态系统的海上风电项目之后，研究人员预测了安装混凝土桩和涡轮机冲刷保护装置对底栖生物和鱼类聚集的潜在影响（Raoux et al.，2017）。结果表明，作为对基础设施周围生物量聚集的反应，生态系统活动总量以及一些鱼类、海洋哺乳动物和海鸟的活动有所增加。

在这一早期阶段，人们已经清楚的是：海上风力发电场对当地海洋生态系统以及更远处的生态系统的长期影响仍然是未知的。如果要充分了解退役海上风电场作为人工鱼礁的环境和经济潜力，就需要收集科学证据并进行评估。

2.5.4 结论性意见

迄今为止的经验（自1987年以来主要集中在墨西哥湾和太平洋地区）表明，只有一小部分（约10%）的油气钻井平台适合转化成人工鱼礁。然而，鉴于未来几十年世界各地将有数千座钻井平台退役，未来可能进行的转化数量相当可观。虽然美国在把钻井平台转化为鱼礁方面积累了大约30年的经验，但全球大多数其他地区却迟迟没有跟上，主要是因为钻井平台转化为鱼礁的经验在另一区域未必适用。实际上，钻井平台转化为鱼礁的适宜性很大程度上取决于具体地点。此外，在许多情况下，人们普遍担忧的是，将部分钻井平台基础设施遗留在原地有可能对海洋环境造成严重污染，应要求完全拆除基础设施；在许多其他情况下，因不存在监管框架，所以需要制定监管框架。然而，退役问题的争议越来越大。海洋科学家和自然资源保护主义者越来越支持这样一种观点，即在某些情况下，完全拆除平台可能比保留低处的构造物对海洋生态系统造成更大的损害，除非部分拆除平台存在严重的污染风险或对海上交通安全造成威胁，否则应考虑部分拆除。

部分拆除钻井平台基础设施会产生显著且直接的经济影响。石油和天然气公司（以及未来的海上风电运营商）将从减少的退役作业中节省大量资金。然而，政府（例如美国政府）确实可以要求公司将这些节省下来的资金以特定比例投入一个基金，用于鱼礁改造（应当指出的是，政府可能仍然会受到环保人士的批评，因为政府允许油气公司从减少清理工作中获得经济利益）。海底和水体受到的干扰较少，也可能对海洋环境产生积极影响，可为鱼类、软体动物等的种群增加提供条件。

转化为人工鱼礁的决定也可能带来潜在的、积极的长期经济贡献。健康的人工鱼礁生态系统可提高商业捕捞业的生产力，改善旅游业、潜水和休闲渔业，而退役的结构本身则可用于多种替代用途，例如支持水产养殖设施或海洋可再生能源平台等（OECD，2016）。此外，对其他行业也有潜在的正面溢出效应。例如，专业的工程公司可以从建造人工鱼礁的业务中获利，海底生态工程的典型案例（Smyth et al.，2015）以及《海上数据杂志》（Offshore Digital Magazine，2017）中关于新兴钻井平台转化为鱼礁的商业伙伴关系的部分。甚至保险和再保险公司似乎也准备从事生态系统修复和恢复业务（Leber，2018）。

此外，在钻井平台和（最终）风力涡轮机转化的决策和实施过程中所涉及的科学评估、检查和监测的数量不断增加，这将为自主式水下运载器、遥控运载器和其他海底运载器的拥有者和操作者提供大量机会。这个行业虽然仍很小，但目前正在迅速扩大。最新的世界自主式水下运载器预测（Westwood Global Energy Group，2018），全球对自主式水下运载器的总需求将在2018—2022年间增长近40%。研究部门的需求增长仍然保持平稳，但预计到2022年，其需求量在总需求量中的比例将达到25%。商业需求增长最快，未来五年将增长74%。

钻井平台转化为鱼礁的项目和可再生能源平台转化为鱼礁的项目处于不同的发展阶段。然而，两者都为经济效益和生态系统效益之间的协同增效提供了长期潜力。除非公共当局与私营部门和许多其他利益相关者密切合作，制定长期战略、采取适当的激励措施和有效的管理框架，否则两者都无法充分发挥这一潜力。这类战略性政策决定和集体行动需要以最好的科学证据为基础，涉及围绕基础设施部分或全部拆除的辩论中所讨论的环境问题以及人工鱼礁成功建立与长期发展的问题。正如本案例极力想表明的那样，科学界仍需做大量工作才能提供这一证据。

备注

1. 无人机技术等其他技术的进步也有助于降低检查成本。

2. 在陆地循环水产养殖系统等技术进步的帮助下，鲑鱼的岸上养殖正在进行中。本报告未提及这些技术，因为本章重点是海洋环境中的生产。

3. 目前的许多证据表明，在一些气候变化的情景下，有害水华事件的发生可能更频繁。还需要对气候变化和有害藻类之间的联系进行更多的研究。可参阅典型案例（United States Environmental Portection Agency，2013）。

4. 值得注意的是，转基因鲑鱼已经上市，并被视为实现陆地鲑鱼养殖的解决方案之一（例如Aquabounty的AquaAdvantage鲑鱼是一种整合大鳞大马哈鱼生长激素基因和大西洋鲑鱼基因的鲑鱼）。

5. 在南美洲，2008—2010年间的传染性鲑鱼贫血症使智利的鲑鱼收成减少了60%。智利是2007年鱼虱大规模暴发的中心，经济损失约20亿美元（Ottinger，Clauss and Kuenzer，2016）。在欧洲，鱼虱也是一个持续的挑战，2011年，鱼虱造成了约4.36亿美元的生产损失，相当于挪威养鱼户总收入的9%（Abolofia，Asche and Wilen，2017）。在亚洲，最严重的疾病包括白斑综合征病毒和黄头病毒，它们导致虾类养殖业损失达数百万美元。在 20 世纪 90 年代中期，白斑综合征病毒导致孟加拉国养殖虾类总产量损失接近 45%。泰国、越南、秘鲁、尼加拉瓜和中国台湾地区也分别报告了其他灾难性疾病的暴发病例（Ottinger，Clauss and Kuenzer，2016）。气候变化将使问题进一步复杂化。例如，在北欧水域，海洋温度长期上升很可能导致鱼类的病虫害的发生，从而使它们对某些有害病毒和细菌的抵抗力下降，更容易受到其他病毒和细菌的影响。就鱼虱而言，水温升高很可能导致这种寄生虫的侵扰增加（Bergh et al.，2017）

6. 最初使用的是野生清洁鱼类，但由于野生鱼类面临的压力越来越大，再加上应对反复暴发的鱼虱的迫切需求，使得鲑鱼养殖业不得不采取行动，发展清洁鱼类水产养殖。2012 年，养殖的清洁鱼只占裂唇鱼和圆鳍鱼总使用量的一小部分，而到 2016 年，这一比例已增长到 44%（Norwegian Directorate of Fisheries）。在同一时期，获准销售清洁养殖鱼类的公司从 5 家增加到 24 家，销售额从 700 万挪威克朗（约 100 万欧元）增长到 3.04 亿挪威克朗（约 3 300 万欧元）。2016 年，野生和养殖清洁鱼类的总价值估计为 6.52 亿挪威克朗（约合7 000万欧元）。对清洁鱼类的研究和开发已经显著加快，目前在苏格兰、爱尔兰、法罗群岛和冰岛都有项目在开展。例如，苏格兰水产养殖创新中心正在合作开展几个项目，目的是扩大清洁鱼类的使用，改善清洁鱼类疫苗接种，确保圆鳍鱼的可持续供应和部署，并改善圆鳍鱼的健康状态（SAIC Scottish Aquaculture Innovation Centre，2018）。

7. 仅在挪威，目前就申请了 104 项创新发展许可证，范围从沿海封闭系统到船舶再利用和无底长型结构（Bjelland，2018）。

8. 无底长型结构是一个巨大的半潜式结构，锚定在海床上，适用于 100~300 米的水深，大到足以生产 160 万条 5 千克重的鲑鱼。这种高度精密的技术与精准养鱼的概念密切相关（Fore et al.，2018）。它通过“大数据”方法将海洋工程、海洋控制论和海洋生物学结合在一起，结合了来自企业不同部分和不同部门的创新。例如，其先进的海底传感器套件来自海事业务，包含高度敏感的回声测深仪，最初开发是为了探测油气泄漏，但部署在这里是为了探测鱼类饲料颗粒。提高投饵精准度，降低环境影响，主要依靠生物控制论来对养殖动物的行为进行建模并利用数学模型来分析新陈代谢。下一个目标是提高对鱼类的态势感知能力和可视化能力，这两种能力是所有自主系统最需要的能力（Hukkelas，2018）。

9. 这是一个完整的养殖系统，可以随着实践经验知识和资本投资的增加而逐步扩大规模。投饵和监测是自动化的，相关数据将传送到岸上和服务船舶中（Kelly，2018）。

参考文献

Abolofia，J.，F. Asche and J. Wilen（2017），“The Cost of Lice：Quantifying the Impacts of Parasitic Sea Lice on Farmed Salmon”，*Marine Resource Economics*，Vol. 32/3，pp. 329-349，http：//dx.

doi. org/10. 1086/691981.

Ajemian, M. et al. (2015), "An Analysis of Artificial Reef Fish Community Structure along the Northwestern Gulf of Mexico Shelf: Potential Impacts of 'Rigs-to-Reefs' Programs", *PLOS ONE*. Vol. 10/5. p. e0126354. http: //dx. doi. org/10. 1371/journal. pone. 0126354.

Anderson, D. and J. Rense (2016), *Harmful Algal Blooms Assessing Chile's Historic HAB Events of 2016, A Report Prepared for the Global Aquaculture Alliance*, https: //www. aquaculturealliance. org/wp-content/uploads/2017/05/Final-Chile-report. pdf.

Azevedo, A. et al. (2017), "An oil risk management system based on high-resolution hazard and vulnerability calculations", *Ocean & Coastal Management*, Vol. 136, pp. 1-18, http: //dx. doi. org/10. 1016/J. OCECOAMAN. 2016. 11. 014.

Bastos Gomes, G. et al. (2017), "Use of environmental DNA (eDNA) and water quality data to predict protozoan parasites outbreaks in fish farms", *Aquaculture*, Vol. 479, pp. 467-473, http: //dx. doi. org/10. 1016/J. AQUACULTURE. 2017. 06. 021.

Batista, W. et al. (2017), "Which Ballast Water Management System Will You Put Aboard? Remnant Anxieties: A Mini-Review", *Environments*, Vol. 4/3, p. 54, http: //dx. doi. org/10. 3390/environments4030054.

Bawat (2018), *Ballast Water Management System for ships and vessels*, https: //www. bawat. com/ship-bwms/ship-bwms.

Bento, N. and M. Fontes (2017), *Direction and legitimation in system upscaling - planification of floating offshore wind*, http: //dx. doi. org/10. 15847/dinamiacet-iul. wp. 2017. 01.

Bergh, O. et al. (2017), *Impact of global warming on diseases in aquaculture*, European Aquaculture Society-Meeting Abstract, https: //www. was. org/easonline/AbstractDetail. aspx? i=8583.

Bergström, L. et al. (2014), "Effects of offshore wind farms on marine wildlife—a generalized impact assessment", *Environmental Research Letters*, Vol. 9/3, p. 034012, http: //dx. doi. org/10. 1088/1748-9326/9/3/034012.

Besson, M. et al. (2017), "Effect of production quotas on economic and environmental values of growth rate and feed efficiency in sea cage fish farming", *PLOS ONE*, Vol. 12/3, p. e0173131, http: //dx. doi. org/10. 1371/journal. pone. 0173131.

Bjelland H. (2018), *Current challenges and future opportunities for exposed salmon farming in Norway. presentation at Oceanology International* 2018. https: //www. arcticfrontiers. com/wpcontent/uploads/downloads/2018/Arctic%20Frontiers%20Science/Presentations/23%20Januarv%202018/Aquaculture%20in%20the%20High%20North%20in%20times%20of%20change /1500%20Bjelland Hans. pdf (accessed on 05 December 2018).

Boschen, R. et al. (2016), "A primer for use of genetic tools in selecting and testing the suitability of set-aside sites protected from deep-sea seafloor massive sulfide mining activities", *Ocean & Coastal Management*, Vol. 122, pp. 37 - 48, http: //dx. doi. org/10. 1016/J. OCECOAMAN. 2016. 01. 007.

Bricker, S. et al. (2016), "Integration of ecosystem-based models into an existing interactive web-based tool for improved aquaculture decision - making". *Aquaculture*, Vol. 453, pp. 135 - 146. http: //dx. doi. org/10. 1016/J. AQUACULTURE. 2015. 11. 036.

Brinkmeyer. R. (2016), "Diversity of bacteria in ships ballast water as revealed by next generation DNA sequencing", *Marine Pollution Bulletin*, Vol. 107/1, pp. 277 - 285, http: //dx. doi. org/10. 1016/J. MARPOLBUL. 2016. 03. 058.

BSEE (2015), *Rigs to Reefs Bureau of Safety and Environmental Enforcement*, https: //www. bsee. gov/what-we-do/environmental-focuses/ries-to-reefs.

Business Wire (2016), *Global Medicines for Aquaculture Market Report* 2016-*Analysis, Technologies & amp; Forecasts - Research and Markets | Business Wire*, https: //www. businesswire. com/news/home/20160627006068/en/Global-Medicines-Aquaculture-Market-Report-2016.

Carbon Trust and Offshore Renewable Energy Catapult (2017), *Floating Wind Joint Industry Project: Policy and Regulatory Appraisal*. https: //www. carbontrust. com/media/673978/wp1-flw-jip-policy-regulatory-appraisal final 170120 clean. pdf (accessed on 05 December 2018).

Catapult and Carbon Trust (2017), *Floating Wind Joint Industry Project: Policy and Regulatory Appraisal*, Carbon Trust and Catapult Offshore Renewable Energy, https: //www. carbontrust. com/media/673978/wpl-flw-jip-policv-regulatorv-appraisal_final_170120_clean. pdf.

Chardard. Y. (2017), *UTOFIA-A novel solution to underwater 3D real time imaging using range gating technology*.

Cimino, R. (2017), *Decommissioning infrastructures at sea: reducing environmental impact: enhancing blue growth opportunities*.

Claisse, J. et al. (2014), "Oil platforms off California are among the most productive marine fish habitats globally.", *Proceedings of the National Academy of Sciences of the United States of America*. Vol. 111/43. dd. 15462-7. http: //dx. doi. org/10. 1073/pnas. 1411477111.

Clarksons Research (2017), *Ballast Water Management Update*, http: //www. clarksons. net/docdata/public/newsdownloads/bwms update. pdf.

Colefax, A., P. Butcher and B. Kelaher (2018), "The potential for unmanned aerial vehicles (UAVs) to conduct marine fauna surveys in place of manned aircraft", *ICES Journal of Marine Science*. Vol. 75/1. pp. 1-8. http: //dx. doi. org/10. 1093/icesjms/fsxl00.

Copernicus (2016), *Forecasting Harmful Algal Blooms for fish and shellfish farmers The ASIMUTH project*, http: //ec. europa. eu/fisheries/documentation/publications/2015-aguaculture-facts en. pdf.

Council of Canadian Academies (2013), *Ocean Science in Canada: Meeting the Challenge, Seizing the Opportunity*, Expert Panel on Canadian Ocean Science, Ottawa, https://www.scienceadvice.ca/wp-content/uploads/2018/10/oceans fullreporten.pdf.

Council of Canadian Academies (2013), *Ocean Science in Canada: Meeting the Challenge, Seizing the Opportunity (2013) | Science-Metrix*. http://www.science-metrix.com/?q=en/publications/reports/ocean-science-in-canada-meeting-the-challenge-seizing-the-opportunitv-2013.

Cresson, P., S. Ruitton and M. Harmelin-Vivien (2014), "Artificial reefs do increase secondary biomass production: mechanisms evidenced by stable isotopes", *Marine Ecology Progress Series*. Vol. 509. dd. 15-26. http://dx.doi.org/10.3354/meps10866.

Cutter, G., K. Stierhoff and D. Demer [(n.d.)], "Remote sensing of habitat characteristics using echo metrics and image-based seabed classes", http://dx.doi.org/10.1093/icesims/fsw024.

Dadar, M. et al. (2017), "Advances in Aquaculture Vaccines Against Fish Pathogens: Global Status and Current Trends", *Reviews in Fisheries Science & Aquaculture*, Vol. 25/3, pp. 184-217. http://dx.doi.org/10.1080/23308249.2016.1261277.

Darling, J. et al. (2017), "Recommendations for developing and applying genetic tools to assess and manage biological invasions in marine ecosystems". *Marine Policy*, Vol. 85, pp. 54-64, http://dx.doi.org/10.1016/J.MARPOL.2017.08.014.

Davidson, I. et al. (2017), "Pioneering patterns of ballast treatment in the emerging era of marine vector management", *Marine Policy*, Vol. 78, pp. 158-162, http://dx.doi.org/10.1016/J.MARPOL.2017.01.021.

Davidson, I. et al. (2016), "Mini-review: Assessing the drivers of ship biofouling management-aligning industry and biosecurity goals", *Biofouling*, Vol. 32/4, pp. 411-428, http://dx.doi.org/10.1080/08927014.2016.1149572.

Davidson, K. et al. (2016), "Forecasting the risk of harmful algal blooms", *Harmful Algae*, Vol. 53. pp. 1-7. http://dx.doi.org/10.1016/j.hal.2015.11.005.

Defoirdt, T., P. Sorgeloos and P. Bossier (2011), "Alternatives to antibiotics for the control of bacterial disease in aquaculture", *Current Opinion in Microbiology*, Vol. 14/3, pp. 251-258, http://dx.doi.org/10.1016/j.mib.2011.03.004.

Department of Industry of the Australian Government (2018), *Offshore Petroleum Decommissioning Guideline*. http://www.nopta.gov.au.

Dooly, G. et al. (2016), "Unmanned vehicles for maritime spill response case study: Exercise Cathach", *Marine Pollution Bulletin*, Vol. 110/1, pp. 528-538, http://dx.doi.org/10.1016/j.marpolbul.2016.02.072.

Dossou, S. et al. (2018), "Effect of partial replacement of fish meal by fermented rapeseed meal on growth, immune response and oxidative condition of red sea bream juvenile, Pagrus major", *Aquaculture*, *Vol.* 490, pp. 228 - 235, http://dx.doi.org/10.1016/J.AQUACULTURE.2018.02.010.

Dvorak, P. (2018), *Riding the waves of complexity in floating offshore wind*, https://www.windpowerengineering.com/projects/offshore-wind/riding-the-waves-of-complexity-in-floating-offshore-wind/.

European Marine Board (2013), *Navigating the Future*, Position Paper 20, March, http://www.marineboard.eu.

European Marine Board (2013), *Navigating the future* (*position paper* 20).

FAO (2018), *The State of World Fisheries and Aquaculture: Meeting the Sustainable Development Goals*, http://www.fao.org/publications.

FAO (2017). "FAO Aquaculture Newsletter". Vol. No. 56/April. http://www.fao.ora/3/a-i7171e.pdf.

Fernandes, J. et al. (2016), "Costs and benefits to European shipping of ballast-water and hull-fouling treatment: Impacts of native and non-indigenous species", *Marine Policy*, Vol. 64, pp. 148-155. http://dx.doi.org/10.1016/J.MARPOL.2015.11.015.

Fernandes, J. et al. (2016), "Costs and benefits to European shipping of ballast-water and hull-fouling treatment: Impacts of native and non-indigenous species", *Marine Policy*, Vol. 64. pp. 148-155. http://dx.doi.org/10.1016/J.MARPOL.2015.11.015.

Femandez-Ordonez, Y., J. Soria-Ruiz and C. Medina-Ramirez (2015), *Use of satellite image data to locate potential aquaculture facilities*, https://www.researchgate.net/publication/304154730 Use of satellite image data to locate potential_aquaculture_facilities.

Fore, M. et al. (2018), "Precision fish farming: A new framework to improve production in aquaculture", *Biosystems Engineering*, Vol. 173, pp. 176-193, http://dx.doi.org/10.1016/j.biosystemseng.2017.10.014.

Forshaw, K. (2018), *Linking Ocean Sustainability and Innovation.*

Fowler, A. et al. (2018), "Environmental benefits of leaving offshore infrastructure in the ocean", *Frontiers in Ecology and the Environment*, Vol. 16/10, pp. 571-578, http://dx.doi.org/10.1002/fee.1827.

Fraunhofer (2016), *Long-lasting rust protection for offshore wind turbines*, https://www.fraunhofer.de/en/press/research-news/2016/February/long-lasting-rust-protection-for-offshore-wind-turbines.html.

Froehlich, H. et al. (2017), "Offshore Aquaculture: I Know It When I See It", *Frontiers in Marine Science*. Vol. 4. p. 154. http://dx.doi.org/10.3389/fmars.2017.00154.

Gallego, A. et al. (2017), "Large scale three-dimensional modelling for wave and tidal energy resource and environmental impact: Methodologies for quantifying acceptable thresholds for sustainable exploitation", *Ocean & Coastal Management*, Vol. 147, pp. 67 - 77, http://dx.doi.org/10.1016/j.ocecoaman.2016.11.025.

Gates, A. (2018), *Interspill* 2018 *Application of Marine Autonomous Systems to oil spill response and monitoring Conference Stream: Surveillance, Modelling and Visualisation (SMV)*. http://www.interspill.org/previous-events/2018/14March2018/3-Situational-Awareness/Application-of-Marine-Autonomous-Systems-A-Gates-NOC-and-S-Hall-OSRL.pdf.

Gentry, R. et al. (2017), "Mapping the global potential for marine aquaculture". *Nature Ecology & Evolution*. Vol. 1/9. pp. 1317-1324. http://dx.doi.org/10.1038/s41559-017-0257-9.

Geoffroy, M. et al. (2016), "AUV-based acoustic observations of the distribution and patchiness of pelagic scattering layers during midnight sun", *ICES Journal of Marine Science: Journal du Conseil*. Vol. 74/9. d. fswl58. http://dx.doi.org/10.1093/icesjms/fsw158.

Global Ocean Commission (2014), *From Decline to Recovery A Rescue Package for the Global Ocean Contents Letter from the Co-chairs Understanding the Global Ocean Shifting From Continued Decline to a Cycle of Recovery Proposals for Action Annexes*, https://www.iucn.org/sites/dev/files/import/downloads/goc_full_report_1.pdf.

Gomez, F. et al. (2017), "Intraseasonal patterns in coastal plankton biomass off central Chile derived from satellite observations and a biochemical model-NC-ND license (http://creativecommons.org/licenses/by-nc-nd/4.0/)", http://dx.doi.org/10.1016/j.jmarsvs.2017.05.003.

Grasso, M. (2017), *Rigs to Reefs Program*.

Grave, K. and E. Oslo (2016), *Report Use of Antibiotics in Norwegian Aquaculture Report from The Norwegian Veterinary Institute Use of Antibiotics in Norwegian Aquaculture on behalf of Norwegian Seafood Council*, https://seafood.no/contentassets/c5al4b9acf3b4flb9753263586513a68/use-of-antibiotics-in-norwegian-aquaculture.pdf.

Grealis, E. et al. (2017), "The economic impact of aquaculture expansion: An input-output approach". *Marine Policy*, Vol. 81, pp. 29-36, http://dx.doi.org/10.1016/J.MARPOL.2017.03.014.

Guichoux, Y. (2018), *Omni-situ surface currents: a transformative approach to measure ocean surface currents using AIS data*.

GWEC Global Wind Energy Council (2017), *Global wind report: Opening up new markets for business*. http://www.gwec.net.

Heath, M. et al. (2017), "Modelling the sensitivity of suspended sediment profiles to tidal current and wave conditions", *Ocean & Coastal Management*, Vol. 147, pp. 49-66, http://dx.doi.org/10.1016/J.OCECOAMAN.2016.10.018.

Henry. L. (2017). *ANChor Summary Report.* https://s3-eu-west-1. amazonaws. com/static. insitenorthsea. org/files/INSITE-ANChor-Summary-Report-v1. 0. pdf.

Henry, M. et al. (2015), "Review on the use of insects in the diet of farmed fish: Past and future". *Animal Feed Science and Technology*, Vol. 203, pp. 1-22, http://dx. doi. org/10. 1016/J. ANIFEEDSCI. 2015. 03. 001.

Hill, J.(2018), *Hywind Scotland, World's First Floating Wind Farm, Performing Better Than Expected CleanTechnica.* https://cleantechnica. com/2018/02/16/hywind-scotland-worlds-first-floating-wind-farm-performing-better-expected/.

Hofling. H. (2016), "Cost of Renewable energy-how expensive is green electricity really?", *Fokus Volkswirtschaft*, Vol. 45/6 October 2015.

Hukkelas, T. (2018), *Ocean Farm 1: The world's first "smart" fish farm.*

Hurley. W.(2018), *The fundamental importance of mooring systems*, http://www. rechargenews. com.

IEA (2018), *Renewables* 2018: *Analysis and Forecasts to 2023*, IEA, Paris, https://dx. doi. org/10. 1787/re_mar-2018-en.

IEA (2018), *The future of petrochemicals: Towards more sustainable plastics and fertilisers*, IEA. Paris. https://dx. doi. org/10. 1787/9789264307414-en.

IHS Markit (2016), *Decommissioning of Aging Offshore Oil and Gas Facilities Increasing Significantly, with Annual Spending Rising to $13 Billion by 2040, IHS Markit Says IHS Online Newsroom.* https://news. ihsmarkit. com/press-release/energy-power-media/decommissioning-aging-offshore-oil-and-gas-facilities-increasing-si.

IMO (2018), *Invasive Aquatic Species (IAS)*, http://www. imo. org/en/OurWork/Environment/BallastWaterManagement/Pages/AquaticInvasiveSpecies (AIS). aspx.

IMO (2017), *Global treaty to halt invasive aquatic species enters into force*, Briefing, http://www. imo. org/en/MediaCentre/PressBriefings/Pages/21-BWM-EIF. aspx.

Innes. J., R. Martini and A. Leroy (2017). "Red tape and administrative burden in aquaculture licensing", *OECD Food, Agriculture and Fisheries Papers*, No. 107, OECD Publishing, Paris, https://dx. doi. org/10. 1787/7a56bfbc-en.

INSITE International Scientific Advisory Board ISAB (2018), *The Influence of Man-made Structures in the North Sea (INSITE) Synthesis and Assessment of Phase 1.* https://s3-eu-west-1. amazonaws. com/static. insitenorthsea. org/files/INSITE-ISAB-Synthesis-Report-Phase-1-final. pdf.

International Energy Agency (2018). *Offshore Energy Outlook.* http://www. iea. org/t&c/.

International Transport Forum (2018), *Data sharing in the maritime logistics chain (draft paper).*

IOC (2018), *Roadmap for the UN Decade of Ocean Science for Sustainable Development*, Intergovernmental Oceanographic Commission (IOC), Fifty-first Session of the Executive Council

UNESCO, Paris, 3-6 July 2018.

IOC (2017), *Global Ocean Science Report: The Current Status of Ocean Science Around the World*, Intergovernmental Oceanographic Commission, UNESCO Publishing, https://unesdoc. unesco. org/ark: /48223/pf0000250428.

IPCC (2018), *The Ocean and Cryosphere in a Changing Climate*, Special Report Webpage, https://www. ipcc. ch/report/srocc/ (accessed on 16 June 2018).

Jagerroos, S. and P. R Krause (2016), "Rigs-To-Reef; Impact or Enhancement on Marine Biodiversity", *Journal of Ecosystem & Ecography*, Vol. 6/2, pp. 1-9, http://dx. doi. org/10. 4172/2157-7625. 1000187.

James, E., S. Benjamin and M. Marquis (2018), "Offshore wind speed estimates from a high-resolution rapidly updating numerical weather prediction model forecast dataset". *Wind Energy*. Vol. 21/4. pp. 264-284. http://dx. doi. org/10. 1002/we. 2161.

Jha, S. et al.(2017),"Renewable energy: Present research and future scope of Artificial Intelligence", *Renewable and Sustainable Energy Reviews*, Vol. 77, pp. 297-317, http://dx. doi. org/10. 1016/j. rser. 2017. 04. 018.

Joffre, O. et al. (2017), "How is innovation in aquaculture conceptualized and managed? A systematic literature review and reflection framework to inform analysis and action", *Aquaculture*, Vol. 470, pp. 129-148, http://dx. doi. org/10. 1016/J. AQUACULTURE. 2016. 12. 020.

Jørgensen, D. (2012), "OSPAR's exclusion of rigs-to-reefs in the North Sea", *Ocean & Coastal Management*. Vol. 58. pp. 57-61. http://dx. doi. org/10. 1016/j. ocecoaman. 2011. 12. 012.

Kadiyala, A., R. Kommalapati and Z. Huque (2017), "Characterization of the life cycle greenhouse gas emissions from wind electricity generation systems", *International Journal of Energy and Environmental Engineering*, Vol. 8/1, pp. 55-64, http://dx. doi. org/10. 1007/s40095-016-0221-5.

Kausche, M. et al. (2018), "Floating offshore wind-Economic and ecological challenges of a TLP solution", *Renewable Energy*, Vol. 126, pp. 270-280, http://dx. doi. org/10. 1016/J. RENENE. 2018. 03. 058.

Kelly, D. (2018), *InnovaSea: phased development of an open ocean aquaculture farm.*

Kim, H. et al. (2017), "Remote sensing and water quality indicators in the Korean West coast: Spatio-temporal structures of MODIS-derived chlorophyll-a and total suspended solids", *Marine Pollution Bulletin*, Vol. 121/1-2, pp. 425-434, http://dx. doi. org/10. 1016/j. maroolbul. 2017. 05. 026.

King D M. et al. (2012), "(PDF) Preview of global ballast water treatment markets", *Journal of Marine Engineering, Science and Technology*, Vol. 11/1, pp. 3-15, https://www. researchgate. net/publication/290997328_Preview_of_global_ballast_water_treat ment_markets.

King, D. (2016), *Ocean Health and the Economics of Global Ballast Water Regulations*, International

Network for Environmental Compliance and Enforcement (INECE), https: //inece. org/library/.

Kleitou, P., D. Kletou and J. David (2018), "Is Europe ready for integrated multi-trophic aquaculture? A survey on the perspectives of European farmers and scientists with IMTA experience", *Aquaculture*, Vol. 490, pp. 136-148, http: //dx. doi. org/10. 1016/J. AQUACULTURE. 2018. 02. 035.

Komen, H. et al. (2017), "Impact of selective breeding on European aquaculture". *Aquaculture*, Vol. 472. pp. 8-16. http: //dx. doi. org/10. 1016/j. aquaculture. 2016. 03. 012.

Kongsberg (2017), *Underwater Science Products: Technology for Sustainable Fisheries.*

Kroodsma, D. et al. (2018), "Tracking the global footprint of fisheries", *Science*, Vol. 359/6378, pp. 904-908. http: //dx. doi. org/10. 1126/science, aao5646.

Kubryakov, A. et al. (2018), "Reconstructing Large-and Mesoscale Dynamics in the Black Sea Region from Satellite Imagery and Altimetry Data—A Comparison of Two Methods", *Remote Sensing*. Vol. 10/2. p. 239. http: //dx. doi. org/10. 3390/rs10020239.

Kulkami, S., M. Deo and S. Ghosh (2018), "Framework for assessment of climate change impact on offshore wind energy", *Meteorological Applications*, Vol. 25/1, pp. 94-104, http: //dx. doi. org/10. 1002/met. 1673.

Kulkami, S., M. Deo and S. Ghosh (2018), "Framework for assessment of climate change impact on offshore wind energy", *Meteorological Applications*, Vol. 25/1, pp. 94-104, http: //dx. doi. org/10. 1002/met. 1673.

Lader, P. et al. (2017), *Classification of Aquaculture Locations in Norway With Respect to Wind Wave Exposure.* ASME. http: //dx. doi. org/10. 1115/OMAE2017-61659.

Latarche, M. (2017), "What ballast water technologies are available?", *Shiplnsight* 10 April 2017. https: //shipinsight. com/what-ballast-water-technologies-are-available.

Leber, J. (2018), *Global Insurance Industry Steps Up to Turn Ocean Risk Into — Oceans Deeply*, https: //www. newsdeeply. com/oceans/articles/2018/05/15/global-insurance-industry-steps-up-to-tum-ocean-risk-into-resilience.

Linder M. (2017), *Economic Impact of Global Standards-Ballast Water Treatment*, http: //injapan. no/wp-content/uploads/2017/01/7-Mr. -Martin-Linder-Optimarin-Ballast-Water-Treatment. pdf (accessed on 05 December 2018).

Li. P. et al. (2016), "Offshore oil spill response practices and emerging challenges", *Marine Pollution Bulletin*, Vol. 110/1, pp. 6 - 27, http: //dx. doi. org/10. 1016/J. MARPOLBUL. 2016. 06. 020.

López-Cortés, X. et al. (2017), "Fast detection of pathogens in salmon farming industry", *Aquaculture*, Vol. 470, pp. 17-24, http: //dx. doi. org/10. 1016/J. AQUACULTURE. 2016. 12. 008.

Lyons, Y. et al. (2013), *International Workshop on Rigs-toReefs: Prospects for large artificial reefs in tropical South East Asia-Is there life after oil?*, https://cil. nus. edu. sg/wp-content/uploads/2015/03/Executive-Summary. pdf.

Martignac, F. et al. (2015), "The use of acoustic cameras in shallow waters: new hydroacoustic tools for monitoring migratory fish population. A review of DIDSON technology", *Fish and Fisheries*. Vol. 16/3. pp. 486-510. http://dx. doi. org/10. 1111/faf. 12071.

Maw, M. et al. (2018), "A Changeable Lab-on-a-Chip Detector for Marine Nonindigenous Microorganisms in Ship's Ballast Water", *Micromachines*, Vol. 9/1, p. 20, http://dx. doi. org/10. 3390/mi9010020.

McKenna, R., P. Ostman v. d. Leye and W. Fichtner (2016), "Key challenges and prospects for large wind turbines", *Renewable and Sustainable Energy Reviews*, Vol. 53, pp. 1212 - 1221, http://dx. doi. org/10. 1016/J. RSER. 2015. 09. 080.

Miller, P. (2018), *Satellite based harmful algal bloom and water quality monitoring for coastal and offshore aquaculture farms to support management decisions.*

Mussells, 0., J. Dawson and S. Howell (2017), "Navigating pressured ice: Risks and hazards for winter resource-based shipping in the Canadian Arctic", *Ocean & Coastal Management*, Vol. 137. pp. 57-67. http://dx. doi. org/10. 1016/J. OCECOAMAN. 2016. 12. 010.

Myhr, A. et al. (2014), "Levelised cost of energy for offshore floating wind turbines in a life cycle perspective", *Renewable Energy*, Vol. 66, pp. 714 - 728, http://dx. doi. org/10. 1016/J. RENENE. 2014. 01. 017.

National Research Council (2015), *Sea Change: 2015 - 2025 Decadal Survey of Ocean Sciences*, National Academies Press. Washington. DC. http://dx. doi. org/10. 17226/21655.

Nevalainen, M., I. Helle and J. Vanhatalo (2017), "Preparing for the unprecedented — Towards quantitative oil risk assessment in the Arctic marine areas", *Marine Pollution Bulletin*, Vol. 114/1. pp. 90-101. http://dx. doi. org/10. 1016/J. MARPOLBUL. 2016. 08. 064.

Norris, A.(2017),"Application of genomics in salmon aquaculture breeding programs by Ashie Norris", *Marine Genomics*, Vol. 36, pp. 13-15, http://dx. doi. org/10. 1016/j. maraen. 2017. 11. 013.

Norsk Petroleum (2018), *Cessation and decommissioning-Norwegianpetroleum. no*, https://www. norskpetroleum. no/en/developments-and-operations/cessation-and-decommissioning/.

Norwegian Directorate of Fisheries (2018), *Cleanerflsh (Lumpfish and Wrasse)*, https://www. fiskeridir. no/English/Aquaculture/Statistics/Cleanerfish-Lumpfish-and-Wrasse.

OECD (2018), *Improving Markets for Recycled Plastics: Trends, Prospects and Policy Responses.* OECD Publishing. Paris, https://dx. doi. org/10. 1787/9789264301016-en.

OECD (2017), *Analysis of selected measures promoting the construction and operation of sreener ships.* OECD. Paris. http://www. oecd. org/sti/shipbuilding.

OECD (2017), *Analysis of Selected Measures Promoting the Construction and Operation of Greener Ships*, OECD, Paris.

OECD (2017), *Analysis of Selected Measures Promoting the Construction and Operation of Greener Ships*, OECD Council Working Party on Shipbuilding (WP6), Paris, http://www.oecd.org/sti/shipbuilding.

OECD (2016), *The Ocean Economy in 2030*, OECD Publishing. Paris, https://dx.doi.org/10.1787/9789264251724-en.

OECD/FAO (2018), *OECD-FAO Agricultural Outlook 2018-2027*, OECD Publishing, Paris/FAO. Rome, https://dx.doi.org/10.1787/agr outlook-2018-en.

Offshore Digital Magazine (2017), *Xodus, Subcon form 'rigs to reef' decommissioning partnership-Offshore*, https://www.offshore-mag.com/articles/2017/11/xodus-subcon-form-rigs-to-reef-decommissioning-partnership.html.

offshoreWIND.biz (2018), *ORE Catapult Shares Offshore Wind Vision | Offshore Wind*, https://www.offshorewind.biz/2018/02/26/ore-catapult-shares-offshore-wind-vision/.

offshoreWIND.biz (2017), *BNEF: 237MW of Floating Offshore Wind by 2020 | Offshore Wind*, https://www.offshorewind.biz/2017/03/20/bnef-237mw-of-floating-offshore-wind-by-2020/.

OFS Research/Westwood Global Energy Group (2018), *World Offshore Maintenance, Modifications & Operations 2018-2022*, https://www.westwoodenergy.com/product/world-offshore-maintenance-modifications-operations-market-forecast-2018-2022/?utm_source=iContact&utm_medium=email&utm_campaign=2_OFS+Research&utm_content=.

Osmundsen, P. and R. Tveterås (2003). "Decommissioning of petroleum installations—major policy issues". *Energy Policy*. Vol. 31/15. pp. 1579-1588. http://dx.doi.org/10.1016/S0301-4215(02)00224-0.

Ottinger, M., K. Clauss and C. Kuenzer (2016), "Aquaculture: Relevance, distribution, impacts and spatial assessments - A review", *Ocean & Coastal Management*, Vol. 119, pp. 244-266, http://dx.doi.org/10.1016/J.OCECOAMAN, 2015.10.015.

Oyinlola, M. et al. (2018). "Global estimation of areas with suitable environmental conditions for mariculture species", *PLOS ONE*, Vol. 13/1. p. e0191086, http://dx.doi.org/10.1371/journal.pone.0191086.

Pereira, N. et al. (2016), "Challenges to implementing a ballast water remote monitoring system", *Ocean & Coastal Management*, Vol. 131, pp. 25-38, http://dx.doi.org/10.1016/J.OCECOAMAN.2016.07.008.

Perez-Velazquez, M. et al. (2018), "Partial replacement of fishmeal and fish oil by algal meals in diets of red drum Sciaenops ocellatus", *Aquaculture*, Vol. 487. pp. 41-50, http://dx.doi.org/10.

1016/J. AQUACULTURE. 2018. 01. 001.

Pezy, J., A. Raoux and J. Dauvin (2018), "An ecosystem approach for studying the impact of offshore wind farms: a French case study", *ICES Journal of Marine Science*, http://dx. doi. org/10. 1093/icesims/fsy125.

Porritt, J.(2017), *Decommissioning in the North Sea: Rigs, Reefs, but not much Realism | Jonathon Porritt*. 20. 02. 2017. http://www. jonathonporritt. com/blog/dccommissioning-north-sea-rigs-reefs-not-much-realism.

Raoux, A. et al. (2017), "Benthic and fish aggregation inside an offshore wind farm: Which effects on the trophic web functioning?", *Ecological Indicators*, Vol. 72, pp. 33-46, http://dx. doi. org/10. 1016/j. ecolind. 2016. 07. 037.

Renewable Energy Agency, I.(2016), *Floating Foundations: A Game Changer for Offshore Wind Power*, https://www. irena. org/DocumentDownloads/Publications/IRENA_Offshore_Wind_Floatina_Foundations_2016. pdf.

Research and Markets (2017), *Aquafeed Market by End User, Ingredient, Additive, and Region-Global Forecast to 2022*, April, https://www. researchandmarkets. com/research/vlhxv6/aquafeed_market.

SAIC Scottish Aquaculture Innovation Centre (2018), *Innovation and the Ripple Effect*, http://scottishaquaculture. com/innovation-and-the-ripple-effect/.

SeaTwirl (2018), *SeaTwirl is developing a floating wind turbine, VAWT, for the ocean.*, https://seatwirl. com/.

Shafait, F. et al. (2016), "Fish identification from videos captured in uncontrolled underwater environments", *ICES Journal of Marine Science: Journal du Conseil*, Vol. 73/10, pp. 2737-2746. http://dx. doi. org/10. 1093/icesjms/fsw106.

Shaw J. L., Seares P. and Newman S. J. (2018), *Decommissioning offshore infrastructure: a review of stakeholder views and science priorities Decommissioning offshore infrastructure: a review of stakeholder views and science prioritiesau/decommissioning-offshore-infrastructure-review-stakeholder-views-and-science-priorities*), WAMSI, Perth, Western Australia. http://www. wamsi. org. au/decommissioningoffshore-infrastructure-review-stakeholder-views-and-science-priorities (accessed on 05 December 2018).

Shaw, J., P. Seares and S. Newman (2018), *Decommissioning offshore infrastructure: a review of stakeholder views and science priorities*, WAMSI, Perth, Western Australia, http://www. wamsi. org. au/decommissioning-offshore-infrastructure-review-stakeholder-views-and-science-priorities.

Shepherd, C., O. Monroig and D. Tocher (2017), "Future availability of raw materials for salmon feeds and supply chain implications: The case of Scottish farmed salmon", *Aquaculture*, Vol. 467. pp. 49-62. http://dx. doi. org/10. 1016/j. aquaculture. 2016. 08. 021.

Siddiqui, S. et al. (2018), "Automatic fish species classification in underwater videos: exploiting pre-trained deep neural network models to compensate for limited labelled data", *ICES Journal of Marine Science*. Vol. 75/1. pp. 374-389. http://dx.doi.org/10.1093/icesjms/fsx109.

Side, J. et al.(2017), "Developing methodologies for large scale wave and tidal stream marine renewable energy extraction and its environmental impact: An overview of the TeraWatt project", *Ocean & Coastal Management*, Vol. 147, pp. 1-5, http://dx.doi.org/10.1016/J.OCECOAMAN.2016.11.015.

Singha, S. and R. Ressel (2016), "Offshore platform sourced pollution monitoring using space-borne fully polarimetric C and X band synthetic aperture radar". *Marine Pollution Bulletin*, Vol. 112/1-2. pp. 327-340. http://dx.doi.org/10.1016/J.MARPOLBUL.2016.07.044.

Slav, I. (2018), *Asian Oil Companies Face S100B Well Decommissioning Bill* | *OilPrice.com*, 1 February 2018. https://oilprice.com/Latest-Enerey-News/World-News/Asian-Oil-Companies-Face-100B-Well-Decommissioning-Bill.html (accessed on 05 December 2018).

Slavik, K. et al. (2018), *The large-scale impact of offshore wind farm structures on pelagic primary productivity in the southern North Sea*, Springer International Publishing, http://dx.doi.org/10.1007/s10750-018-3653-5.

Smyth, K. et al. (2015), "Renewables-to-reefs? -Decommissioning options for the offshore wind power industry", *Marine Pollution Bulletin*, Vol. 90/1-2, pp. 247-258, http://dx.doi.org/10.1016/J.MARPOLBUL.2014.10.045.

Spaulding, M. (2017), "State of the art review and future directions in oil spill modeling", *Marine Pollution Bulletin*, Vol. 115/1-2, pp. 7-19, http://dx.doi.org/10.1016/J.MARPOLBUL.2017.01.001.

Strong, J. and M. Elliott (2017), "The value of remote sensing techniques in supporting effective extrapolation across multiple marine spatial scales", *Marine Pollution Bulletin*, Vol. 116/1-2, pp. 405-419. http://dx.doi org/10.1016/J.MARPOLBUL.2017.01.028.

Taninoki Ryota, K. et al. (2017), "Dynamic Cable System for Floating Offshore Wind Power Generation", *SEI Technical Review*, Vol. 84/April, pp. 53-58, http://www.abysse.co.jp/japan/index.html.

Techera, E. and J. Chandler (2015), "Offshore installations, decommissioning and artificial reefs: Do current legal frameworks best serve the marine environment?". *Marine Policy*, Vol. 59, pp. 53-60. http://dx.doi.org/10.1016/J.MARPOL.2015.04.021.

Thanigaivel, S. et al. (2016), "Seaweeds as an alternative therapeutic source for aquatic disease management", *Aquaculture*, Vol. 464, pp. 529-536, http://dx.doi.org/10.1016/j.aquaculture.2016.08.001.

Thomson, C. and G. Harrison (2015), *Life cycle costs and carbon emissions of wind power: Executive*

Summary Key Points, http://www.climatexchange.org.ukhttp://www.climatexchanage.org.uk/index.php/download_file/554/http://www.climatexchanage.org.uk/index.php/download_file/555/.

Tornero. V. and G. Hanke (2016), "Chemical contaminants entering the marine environment from sea-based sources: A review with a focus on European seas", *Marine Pollution Bulletin*, Vol. 112/1-2. pp. 17-38. http://dx.doi.org/10.1016/J.MARPOLBUL.2016.06.091.

Torrecillas, S. et al. (2017), "Combined replacement of fishmeal and fish oil in European sea bass (Dicentrarchus labrax): Production performance, tissue composition and liver morphology", *Aquaculture*, Vol. 474, pp. 101-112, http://dx.doi.org/10.1016/J.AQUACULTURE.2017.03.031.

Trenkel, V., N. Handegard and T. Weber (2016), "Observing the ocean interior in support of integrated management", *ICES Journal of Marine Science: Journal du Conseil*, Vol. 73/8, pp. 1947-1954. http://dx.doi.org/10.1093/icesims/fsw132.

UK Department for Business, E. (2018), *Oil and gas: decommissioning of offshore installations and pipelines-GOV. UK.* https://www.gov.uk/guidance/oil-and-gas-decommissioning-of-offshore-installations-and-pipelines.

UN General Assembly (2015), *Transforming our world: the* 2030 *Agenda for Sustainable Development.* A/RES/70/1. https://www.refworld.org/docid/57b6e3e44.html.

Division for Ocean Affairs and the Law of the Sea. O. (ed.) (2017), *The First Global Integrated Marine Assessment*, Cambridge University Press, Cambridge, http://dx.doi.org/10.1017/9781108186148.

United Nations (2016), *Summary of the First Global Integrated Marine Assessment*, http://www.un.org/depts/los/global_reporting/WOA_RPROC/Summary.pdf.

United States Environmental Portection Agency (2013), *Impacts of Climate Change on the Occurrence of Harmful Algal Blooms.* http://go.usa.gov/gYTH.

Venugopal, V., R. Nemalidinne and A. Vögler (2017), "Numerical modelling of wave energy resources and assessment of wave energy extraction by large scale wave farms", *Ocean & Coastal Management*, Vol. 147, pp. 37-48. http://dx.doi.org/10.1016/J.OCECOAMAN.2017.03.012.

Wall, C., J. Jech and S. McLean (2016), "Increasing the accessibility of acoustic data through global access and imagery", *ICES Journal of Marine Science: Journal du Conseil.* Vol. 73/8. pp. 2093-2103. http://dx.doi.org/10.1093/icesims/fsw014.

Wells, M. et al. (2015), *Harmful algal blooms and climate change: Learning from the past and present to forecast the future.* Elsevier, http://dx.doi.org/10.1016/J.HAL.2015.07.009.

Westwood Global Energy Group (2018), *Westwood Insight: Decommissioning-Challenge, Accepted! - Westwood Global Energy Group*, January, https://www.westwoodenergy.com/news/westwood-insight/westwood-insight-decommissioning-challenge-accepted/.

Westwood Global Energy Group (2018), *Westwood Insight: Decommissioning-Challenge, Accepted! - Westwood Global Energy Group*, https: //www. westwoodenergy. com/news/westwood - insight/westwood-insight-decommissioning-challenge-accepted/.

Westwood Global Energy Group (2018), *World AUV Market Forecast* 2018-2022-*Westwood*, June. https: //www. westwoodenergy. com/product/world-auv-market-forecast-2018-2022/.

White, H. et al. (2016), "Methods of Oil Detection in Response to the Deepwater Horizon Oil Spill". *Oceanography*. Vol. 29/3. pp. 76-87. http: //dx. doi. org/10. 5670/oceanog. 2016. 72.

Wilby, B. (2016), "AUVs gain momentum in oil and gas operations", *Society of Petroleum Engineers*, Vol. 5/5.

Wind Europe (2017). *Floating Offshore Wind Vision Statement*, https: //windeurope. org/wp-content/uploads/files/about-wind/reports/Floating-offshore-statement. pdf.

Wiser, R. et al. (2016), *Forecasting Wind Energy Costs and Cost Drivers: The Views of the World's Leading Experts*, http: //eta-publications. lbl. gov/sites/default/files/lbnl-1005717. pdf.

Wollenhaupt, G. (2017), *ABS: Nearly half of ballast water systems 'inoperable' or 'problematic' -Professional Mariner - December/January 2018*, Professional Mariner. http: //www. professionalmariner. com/December-January-2018/Ballast-water-systems-inoperable-or-problematic/ (accessed on 05 December 2018).

Wu, W., Y. Zhou and B. Tian (2017), "Coastal wetlands facing climate change and anthropogenic activities: A remote sensing analysis and modelling application", *Ocean & Coastal Management*, Vol. 138, pp. 1-10, http: //dx. doi. org/10. 1016/J. OCECOAMAN. 2017. 01. 005.

Yildiz, M. et al. (2018), "The effects of fish oil replacement by vegetable oils on growth performance and fatty acid profile of rainbow trout: Re-feeding with fish oil finishing diet improved the fatty acid composition". *Aquaculture*, Vol. 488, pp. 123 - 133, http: //dx. doi. org/10. 1016/J. AQUACULTURE. 2017. 12. 030.

Ytrestøyl, T., T. Aas and T. Åsgård (2015), "Utilisation of feed resources in production of Atlantic salmon (Salmo salar) in Norway", *Aquaculture*, Vol. 448. pp. 365-374, http: //dx. doi. org/10. 1016/J. AQUACULTURE. 2015. 06. 023.

Yue, G. and L. Wang (2017), "Current status of genome sequencing and its applications in aquaculture", Aquaculture, Vol. 468, pp. 337-347, http: //dx. doi. org/10. 1016/J. AQUACULTURE. 2016. 10. 036.

Zborowski, M. (2018), *Total, Google Cloud to Team on AI for Upstream*, 26 April 2018, https: //www. spe. org/en/print-article/? art=4144.

Zecchetto, S., Zecchetto and Stefano (2018), "Wind Direction Extraction from SAR in Coastal Areas". *Remote Sensing*. Vol. 10/2. p. 261. http: //dx. doi. org/10. 3390/rs10020261.

Zheng, C. et al. (2016), "An overview of global ocean wind energy resource evaluations", *Renewable and Sustainable Energy Reviews*, Vol. 53, pp. 1240 - 1251, http://dx.doi.org/10.1016/J.RSER.2015.09.063.

3　海洋经济中的创新网络

本章的目的是初步了解合作在促进海洋经济创新中发挥的作用。为此，经合组织收集了一系列案例，研究和探讨（不同的海洋/海事产业和不同国家的）创新网络中心如何组织不同类型的组织开展合作以及由此取得的成果。本章介绍了对十个选定的海洋经济创新网络的调查结果。考虑到具体情况，为决策者和从业者总结了海洋经济创新网络方面的初步经验教训。创新网络的进一步规划将在2019—2020年继续进行。

3.1 什么是海洋经济创新网络

在海洋经济增长与改善海洋环境健康之间取得平衡的压力越来越大，这促使海洋经济结构及其创新格局迅速发生变化。本章的主要目标是研究合作在促进海洋经济创新中发挥的作用。海洋经济创新网络只是实现这些目标的一种结构，也是这一探索性工作的重点。

3.1.1 创新网络概念简介

长期以来，文献始终认为，一个组织并不会单独地进行创新，而是在整个创新过程中与外部伙伴合作。创新合作可能采取多种形式，因此，“创新网络”一词并没有得到准确定义。取而代之的是，依据上下文和文字斟酌的具体措辞，“创新网络”一词将会被一系列其他术语和定义进行替换。专栏 3.1 详细介绍了跨国企业间全球创新网络的兴起。

专栏 3.1 跨国企业及其全球创新网络

企业是许多创新进程的核心（OECD，2015）。全球创新网络的概念出现在 20 世纪 90 年代的商业管理文献中，因为越来越多来自不同领域的跨国企业由于其业务的全球化而开始将其研究和开发（R&D）国际化。跨国企业将研发设施设在国外的一个原因是为了接近不断扩张的大市场，另一个重要因素是获得新的工程师和研究人员人才资源（OECD，2008）。此外，跨国公司已制定战略，通过改变以公司为中心的创新模式来激励创新。新的外部网络已经建立了除子公司和传统合作伙伴之外的链接，可以连接到公共研究机构、大学和商学院（Nambisan and Sawhney，2011）。经合组织最近的证据表明，这些网络对创新活动日益重要。例如，1995—2013 年期间，近 2/3 的国际共同发明与跨国企业的研发工作直接相关（OECD，2017）。

与企业创新相关的影响力概念是“开放式创新”(open innovation)（Chesbrough，2003)。这一术语描述了超越传统供应商—客户关系的合作，并为公司引入了更广泛的知识库和风险更低的新机会。开放式创新不同于“封闭式创新”，后者指为保持相对于竞争对手的竞争优势而在内部由一个单一组织进行的创新。

开放式创新框架产生的更普遍的结论之一，是创新可以为创新组织以外的参与者创造重要的价值。开放式创新的核心概念再次侧重于商业界，涵盖在“共享价值创造”（shared value creation）之中（Porter and Kramer，2011）。其理念是，当商业实践通过满足眼前的商业利益以及更广泛的社会和环境目标，为所有利益相关者创造价值时，商业运作效果达到最佳。这扩大了开放式创新的范围，使之包含更广泛的参与者，使具有共同利益并主要以研究和开发精神为指导的各领域的专业人员能齐聚一堂。公共和私人参与者之间以及学科内部和学科之间开展这种多方面合作的驱动因素之一，可能是在拥有实现诸多创新的共同经济潜力之前，需要进行大量应用研究（OECD，2015）。

公共组织和政策在促进创新系统内的合作中所发挥的作用，对许多人来说是关键的考虑因素，广义地说，这也是本章的主题。例如，经合组织至少自20世纪80年代以来就考虑了公共政策对创新合作的影响（Freeman，1991），并研究了多种合作的形式。研究的创新合作类型包括知识网络和市场（OECD，2012；OECD，2013），战略性公共/私人伙伴关系（OECD，2008；OECD，2016）和地理集群（OECD，2009；OECD，2010；OECD，2014）。最近出版的《奥斯陆手册》第四版，是收集和使用创新数据的国际参考手册，内容包括如何衡量知识流及其在创新系统中的影响的准则（OECD/Eurostat，2018）。

在研究的每一种创新网络中，不同类型的组织汇集各自的知识和资源参与合作，以实现特定的创新成果。例如，大学和公共研究机构在企业的开放式创新战略中发挥着越来越重要的作用，既是基础知识的来源，也是潜在的合作者（OECD，2008）。中小企业通常既是大公司溢出效应的受益者，也是新想法的来源（Karlsson and Warda，2014）。

因此，在整体经济领域对创新网络的研究是有先例的，少数先前的研究就具有特别关注海洋经济中创新网络的先例。例如，欧盟委员会已经考虑了海上集群在支持生产性海洋经济中的作用（EC DGMARE，2008）。北美研究了加拿大海洋科学技术区域系统中的创新支持组织（Doloreux and Melancon，2009）。丹麦在对海洋创新网络的综述中，概述了海洋产业利用的若干种网络模型，包括非正式网络、专家论坛、公共资助和横向结构（Perunovic′，Christoffersen and Fürstenberg，2015）。

本章侧重于介绍以公共资助（至少部分资助）的组织为核心的海洋经济创新网络。公共资助的组织在创新网络中的作用和责任千差万别，但总的来说，它们往往在设计网络和协调其活动方面发挥着关键作用。有证据表明，至少在区域一级，公共组织比私营公司更能发挥这一作用（Kauffeld-Monz and Fritsch，2013）。研究者提供了一个涉及此类组织作用的有用框架（Dhanaraj and Parkhe，2006）。网络“协调者”代表创新网络的其余部分协调指挥着一系列活动，包括设计网络成员资格、网络结构和位置以及管理网络活动的各个方面（图 3.1）。在本章研究的网络中，公共资助（至少部分资助）的网络协调者被称为“创新网络中心”。

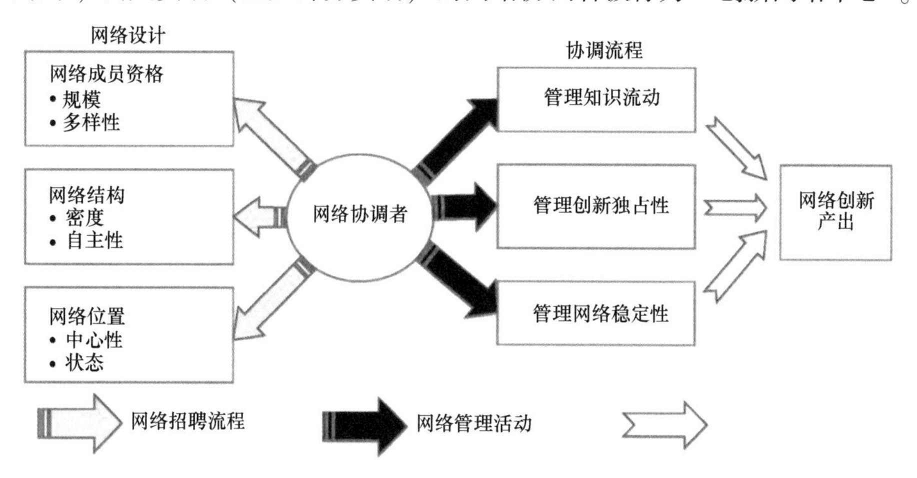

图 3.1 创新网络中的协调框架

资料来源：改绘仿自《协调创新网络》（Dhanaraj and Parkhe，2006）。

通过创新网络建立合作伙伴关系的组织普遍在共享风险和收益的同时，会“撬动”利用其他研发组织的经费预算和扩展业务。这类“撬动”代表了创新网络的优势，但其中潜在的不利因素也不能不加以考虑。例如，管理与外部合作伙伴关系的附加成本，以及知识泄露给竞争对手的潜在风险。而封闭型网络由于知识和联系的集中管理会阻碍新的参与者进入创新领域。另一个固有的问题是，较小的参与者可能越来越依赖某一特定网络来获得技术和资金。

因此，重要的是创新网络，特别是公共资助的创新网络，应该就创新网络对创新成果的贡献开展有效监督和定期评估。第 3.3 节讨论了这方面的问题。

3.1.2 通过创新网络开展海洋经济合作

本章的目的是初步了解合作在促进海洋经济创新中发挥的作用。为此，经合组织收集了一系列案例，研究和探讨（不同的海洋/海事行业和不同国家的）创新网络中心如何组建不同类型的组织开展合作以及因此取得的收益和面临的挑战。

海洋经济创新网络的形式多种多样，既有独立创新者之间的松散合作，也有为了共同目标和（或）实施项目组成相对正式的协会或协定联盟。合作没有标准模式，伙伴之间合作形式多样。然而，虽然产业集群往往建立在地理上接近特定行业的供应链的基础上，但创新网络往往超越行业界限。跨行业的互动可以通过设施共享、知识传播和专门知识和/或利用新技术来推动。虽然创新动力不能仅局限于一个或若干个经理人的活动，但公共资助的组织往往在联合利益相关方和推动共同项目方面发挥重要作用。因此，出于对科学技术政策的兴趣，经合组织将重点放在了建立以公共资助组织为核心的创新网络上。

本章的目的不是直接评估海洋经济创新网络对创新成果的影响，也不是评价接受调查的创新中心的绩效。相反，本章讨论了与这种特殊形式的海洋经济合作相关的质量效益。

这项研究的核心是经合组织对选定的公共资助（至少部分资助）创新网络中心进行的探索性调查。调查表要求提供有关基本特征（名称、地点、预算等）的资料、该网络活动的概况（合作伙伴的数目、关键创新领域、开展的创新类型等）以及该网络开展的创新项目的具体细节。本章对研究结果进行了总结，介绍了所调查的网络，并描述了这些网络可能产生的利益类型。此外，本章还报告了可能存在的若干挑战。最后，考虑到具体情况，本章为决策者和实践者总结了海洋经济创新网络特有的若干初步经验教训，作为经合组织在2019—2020年进一步规划海洋经济创新网络的第一步。

本研究的重点是以公共资助组织为核心的创新网络。经合组织秘书处直接或根据经合组织海洋经济小组指导委员会的建议，确定并联络了网络中心。因此，本研究仅限于少数国家和实体。鉴于本研究工作的探索性和网络样本相对较少，其结果应被视为某种类型的创新活动的指标，而不是对海洋经济创新网络的详尽总结，只是为深入研究奠定了基础。

3.2 十大创新网络中心[①]介绍

创新合作可以在各种环境背景中发生，其形式也多种多样。为了调查在海

① 原文此处为“创新网络”，实际所指为具体的“创新网络中心”，为和下文叙述一致作此调整。——译者注

洋经济中开展创新合作的组织网络，经合组织与英国苏格兰海事局合作，编制了一份调查表，由创新网络中心填写。该调查旨在发现海洋经济中出现创新合作的原因、吸引合作的组织类型及其共享创新成果的动机。因此，下文介绍的结果仅显示参与问卷调查的创新网络中心的活动，可能并不代表海洋经济中的所有创新网络。调查表的答复是定性的，所产生的结果为在以后的研究中更深入地探讨海洋创新奠定了基础。

共有 9 个国家的 10 个创新网络中心对经合组织的调查表作出了答复。绝大多数的创新网络中心位于欧洲，其中一个在加拿大（表 3.1）。

表 3.1 答复经合组织调查问卷的部分创新网络

创新网络中心名称和来源国

创新网络中心名称	国家
加拿大海洋前沿中心	加拿大
丹麦海上能源协会	丹麦
创新商业网络（IBN）—海上能源	比利时（佛兰德斯）
法国世界海洋中心	法国
爱尔兰海洋和可再生能源中心	爱尔兰
挪威水产养殖作业研究中心	挪威
葡萄牙海洋初创公司	葡萄牙
苏格兰水产养殖创新中心	英国（苏格兰）
加那利群岛海洋平台（PLOCAN）	西班牙
海洋自主与机器人技术创新中心	英国

资料来源：经合组织海洋经济创新网络调查结果分析。

参与问卷调查的网络中心的发起组织类型不同（见图 3.2）。由于在创新系统内运作的全部或部分公共组织有许多不同类型和定义，给这些发起组织贴上标签很复杂。总体而言，调查结果表明，创新网络中心来自三种类型的公共组织。

- 高等教育机构（HEIs）是教育和研究中心，专业领域的学者为学生提供教育。这些机构可以是公共的，也可以是私人的。
- 公共研究机构（PRIs）是满足两个重要标准的机构或组织：ⓐ其将研发

作为一项主要经济活动（研究）；ⓑ由政府控制（即公共部门的正式定义）。政府部门的公共研究机构可能与政府部门和机构有不同程度的联系。

• 第三类组织不属于前两类，因为它可能不进行基础研究或教授学生。技术或创新中心是公共组织，其任务是促进知识平台向实际和商业用途的转移，或者在小型技术公司寻求开发市场时对其进行孵化。技术/创新加速器可以设在大学和公共研究机构，也可以是一个独立的机构。

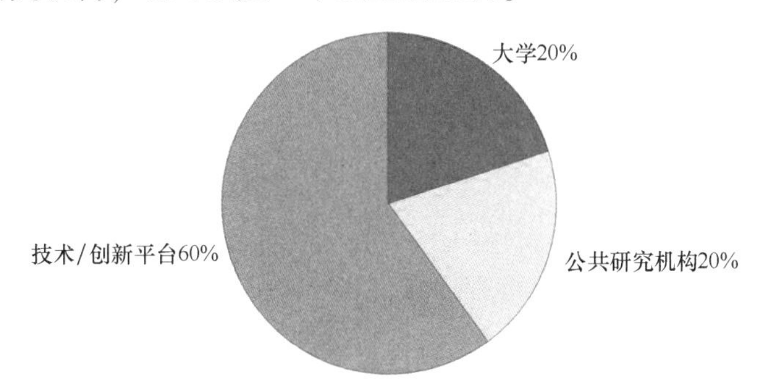

图 3.2　选定创新网络中心的公共组织类型

按公共资助中心类型划分的创新网络数量占总数的百分比

资料来源：经合组织海洋经济创新网络调查结果分析。

创新网络启动的确切日期始终并不明确，因为组织之间的合作往往在正式网络创建之前就已经开始了[1]。然而，参与问卷调查的创新网络中心都是最近成立的，或得到官方认可的。2/3 的中心是在过去三年内正式开放的（图 3.3）。

图 3.3　参与问卷调查的创新网络中心是最近建立或被认可的

按设立年份划分的创新网络中心数量

资料来源：经合组织海洋经济创新网络调查结果分析。

就直接员工编制而言，大多数中心规模较小。最小的中心只有 3 名员工，他们将一半的时间用于中心的运作，相当于 1.5 名全职员工。最大的中心有 200 多名全职员工（表 3.2）。

表 3.2 创新网络中心雇用的员工人数

按员工配备水平（全职员工）划分的创新网络中心数量

员工人数（人）	1~5	6~10	10+
中心数量（个）	3	4	3

资料来源：经合组织海洋经济创新网络调查结果分析。

综上所述，经合组织的调查表明，以选定的公共资助（至少部分资助）的组织为核心的网络往往起源于大学、公共研究机构和技术/创新加速器，或两者及两者以上的任何组合。对调查表作出答复的所有中心都是在六年内成立或获得认可的，其中 2/3 是 2015 年以后成立的。最后，大多数网络中心的全职员工不到 10 人，有近 1/3 的网络中心直接雇用的雇员不到 5 人。

3.2.1 参与问卷调查的创新网络中心的结构特征及其运作

参与问卷调查的创新网络中心由各种不同的组织建立，其运营资金来源也不同。所有这些中心的管理结构彼此相似，它们往往代表其网络发挥类似的作用。这表明，创新网络中心具有类似的结构特征，无论位于何处，也无论侧重于海洋经济的哪个领域。下面更详细地描述这三类结构上的相似性。

资金来源

参与问卷调查的创新网络中心的运营（例如，支付中心的员工工资）获得五类资金的资助（见图 3.4）。资金的主要来源是国家创新基金、行业捐款和国家研究基金。所有网络中心都得到了国家创新基金的资助，10 个网络中心中有 8 个得到行业捐款，6 个得到国家研究基金的捐款。但是，国际和慈善资金来源不太常见，这可能是未来潜在的发展机会。

管理结构

参与问卷调查的创新网络中心，无论其规模、发起组织或资金来源如何，普遍具有类似的管理结构（见图 3.5）。每个中心都有一个管理和业务层，由主管和管理人员组成，负责中心的日常活动。为管理团队提供战略方向的往往是各个委员会。结构的最高层是执行委员会，由来自各个领域的人员组成，负责

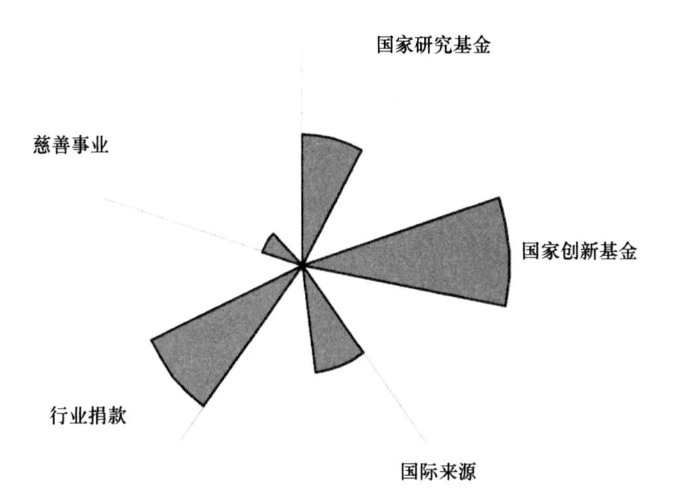

图 3.4 接受调查的创新网络中心拥有若干个共同的资金来源

在调查表答复中提到资金来源的创新网络中心数量

（注：每个环代表一个创新网络中心。）

资料来源：经合组织海洋经济创新网络调查结果分析。

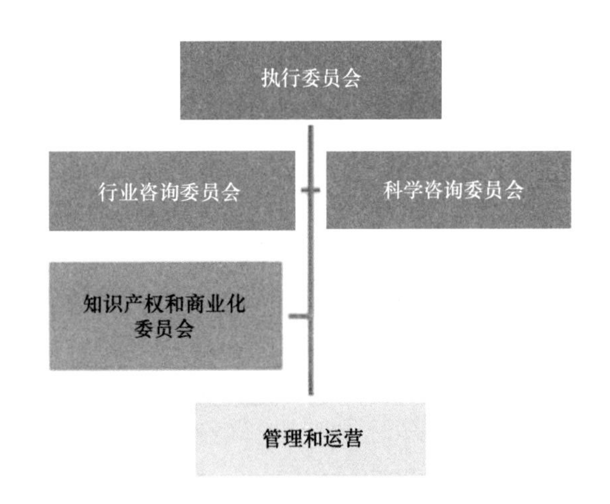

图 3.5 典型创新网络中心管理结构

注：尽管委员会的类型因网络中心而异，但该图显示的是典型的管理结构。

资料来源：经合组织海洋经济创新网络调查结果分析。

确保财务责任并就管理事务提供总体指导。在执行委员会之下可以有任意数量的小组委员会。小组委员会的作用比执行委员会更加专业化，其成员通常由来自不同的海洋、科学和技术领域的部门专家组成。科学咨询委员会就研究建议和总体研究环境提供指导。行业咨询委员会代表了相关的行业关注。知识产权和商业化委员会也可以出席会议，就有关保护创新收益的事项提供指导。每个委员会的成员既可以根据其经验任命，也可以由网络通过联盟协定型的协议（consortium-type agreement）投票产生。

每个网络中心都要受到若干个委员会的监督，但监督某个网络中心活动的委员会不一定会监督其他的网络中心（图 3.6）。大多数接受调查的中心都设有执行委员会（80%）和（或）科学咨询委员会（80%）。拥有某种形式的行业咨询委员会的中心略少（70%），拥有专门应对知识产权和商业化问题的委员会的中心也较少（20%）。一些创新网络中心没有设立单独的行业咨询机构，而是让行业成员直接参加其执行委员会。例如，苏格兰水产养殖创新中心董事会的 9 名成员中有 5 名来自行业界，该中心能够使其活动与其行业伙伴的需求相一致，就归功于这种结构。

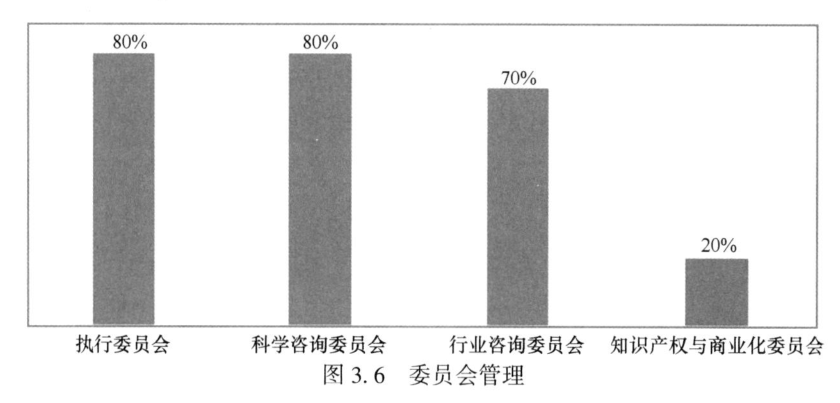

图 3.6 委员会管理

参与问卷调查的由特定类型的委员会管理的创新网络中心数量占总数的百分比

注：设有执行委员会和某种形式的关于科学和/或工业和/或知识产权与商业化问题的咨询小组的中心的数量也计算在内。

资料来源：经合组织海洋经济创新网络调查结果分析。

总之，从调查的答复中可以清楚地看出，委员会管理是接受调查的创新网络中心的一个共同特点，很可能以有效监督的形式产生效益。然而，还需要进一步研究，以更准确地了解不同管理结构对网络中心创新绩效的影响。

创新网络中心的作用

经合组织将参与调查的创新网络局限在以公共资助（至少部分资助）的组织为核心的创新网络。此外，网络中心可以采取任何形式并代表网络提供各种服务。令人惊讶的是，调查表的答复显示，许多接受调查的创新网络中心提供了类似服务（见图 3.7）。所有这些网络中心都让行业界参与学术研究，让学术界参与行业界活动，并随时向其所在的行业界或学术界通报有关活动和会议的情况。大多数中心为其和第三方管理下的研究设施的使用提供便利，并为初创企业和中小企业提供具体资助。许多中心都协助其合作伙伴寻求筹资机会。其他活动包括对公众进行有关海洋问题的教育，向网络参与者通报有关国家政策的发展情况，提供管理经验教训方面的培训。

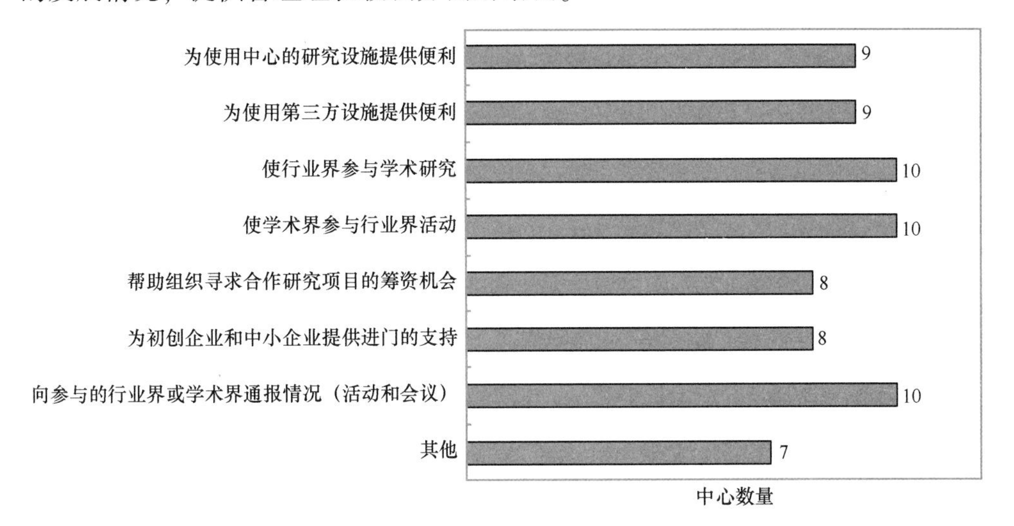

图 3.7 参与问卷调查的创新网络中心开展的活动

代表其网络履行特定职责的创新网络中心数量

资料来源：经合组织海洋经济创新网络调查结果分析。

结果表明，创新网络中的每一个合作伙伴都贡献了其他合作伙伴所不具备的特定专业知识。每个合作伙伴的组织类型反映了为网络带来的专业知识，并表明不同实体可能选择合作的原因。例如，对于中小企业来说，与其他领域的协作者建立网络可能会加快生产适销对路的产品。对学术机构来说，将知识转移到一个新的现实环境中（技术转让）可能是期望的结果。私营企业在网络伙伴中占最大比例，而中小型企业在合作组织中占比例最大（见图 3.8）。此外，学术界、政府和非政府组织也参与其中，而“其他”类别则包括其他公共或私营研究机构和实验室，或其他类型的研究组织。

3.2.2 重点领域创新

海洋经济是一个宽泛的概念，涵盖了多个行业、多种科学学科和多项技术。接受调查的十个网络中心的创新侧重于不同的领域，调查表答复中提到的五大

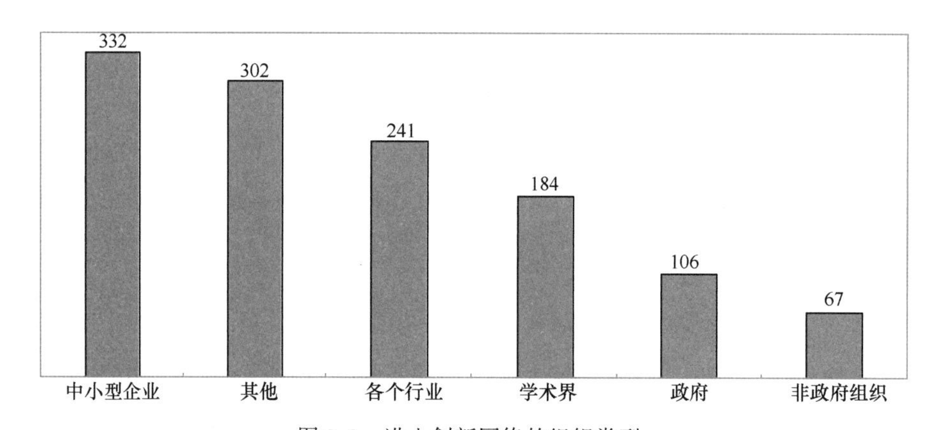

图 3.8 进入创新网络的组织类型

所有创新网络中心报告的每类合作伙伴总数

资料来源：经合组织海洋经济创新网络调查结果分析。

行业是水产养殖业、野生捕捞渔业、海洋监测业、可再生能源业和海洋油气业。

- 水产养殖业的重点是海洋中的水产品和藻类的养殖生产。
- 野生捕捞渔业与各种涉及商业捕捞渔业资源的创新相关，包括研究减少兼捕物和保护濒危物种的渔具技术。
- 海洋监测业重点在于各种目的的海洋观测，包括采用海洋机器人和自主系统等技术的海洋观测。
- 可再生能源业重点包括海上风能、潮汐能、波浪能和海洋热能。
- 海洋油气业包括所有涉及从海底开采矿物燃料的活动。

对大多数接受调查的网络中心来说，还有两个重点领域：海洋创业和海洋教育。海洋创业涉及各种专门与初创企业合作或鼓励其他形式创业活动的中心。海洋教育重点包括可在其机构内安置见习研究人员或将海洋素养教育作为其核心活动之一的各种创新中心（见图 3.9）。大多数中心侧重于多个领域，因此各领域的任何组合都是可能的。

参加本研究调查的创新网络中心正在开发一些不同的技术。对调查表的答复表明，这些技术可以被分为十种不同的技术类型。通常，专注于不同经济领域的中心都在开发同一技术的不同版本，以确保能够满足它们的实际需要（见图 3.10）。在创新网络中心中，最引人瞩目的三种技术是自主系统、波浪和潮汐系统以及材料和结构（均占 40%）。机器人技术、海上风电和鱼类监测也是重要的技术，30% 的网络中心正在开发这些技术。其余的技术类别是生物技术

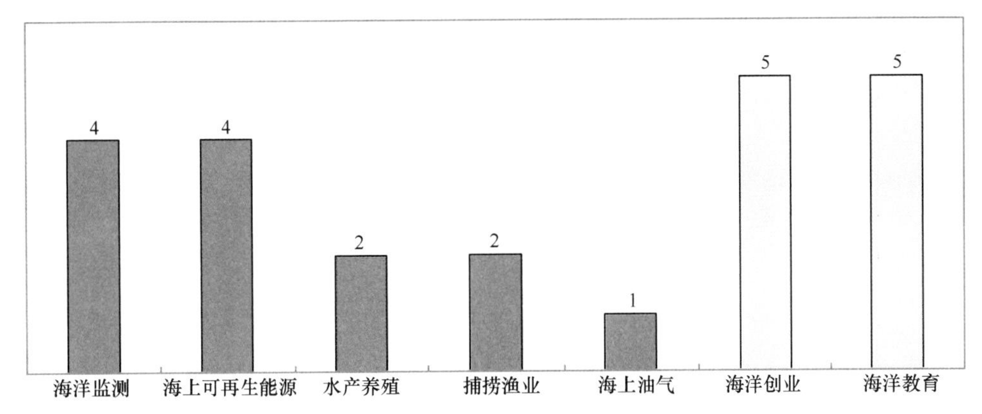

图 3.9 接受调查的创新网络中心的重点领域

侧重海洋经济不同领域的创新网络中心数量

注：各个创新网络中心可能侧重于一个以上的领域，因此，重点领域的数量可能大于创新网络中心的数量。

资料来源：经合组织海洋经济创新网络调查结果分析。

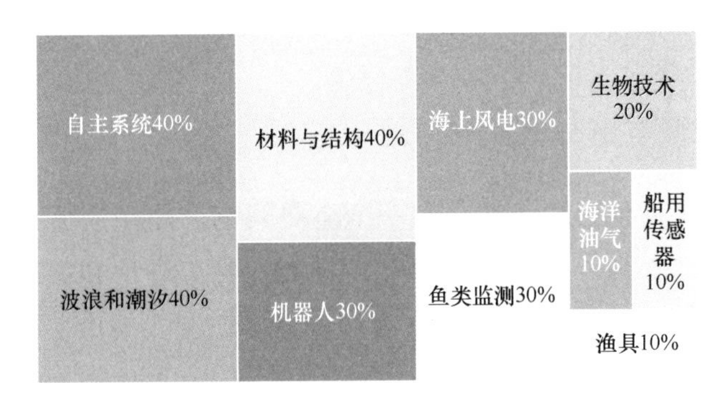

图 3.10 十种不同技术类型的海洋创新

接受调查的创新网络中心开发每项技术的比例占网络中心总数的百分比

资料来源：经合组织海洋经济创新网络调查结果分析。

(20%)、海洋油气（10%)、船用传感器（10%）和渔具（10%)。

调查问卷回复中的另一个不同点在于每个重点领域进行创新的目的。这一点可以从海洋自主式运载器的应用中得到证实。如第 2 章所述，目前正在开发自主系统，已在海洋经济的多个领域中实现多种用途。例如，在水产养殖业，自主式运载器在无人在场时继续监测鱼类。这在该行业的许多活动中都有应用，而在普遍存在于近海和无屏蔽水域的恶劣环境下可能特别重要。顺着这一思路可以总结如下：水产养殖业（重点领域）正在开发海洋自主式运载器（技术），以改进鱼类监测（目的）并减少与水产养殖场中人类存

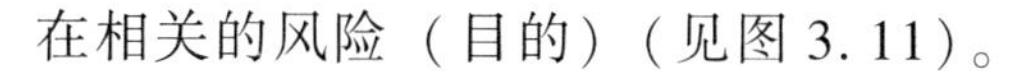

在相关的风险（目的）（见图 3. 11）。

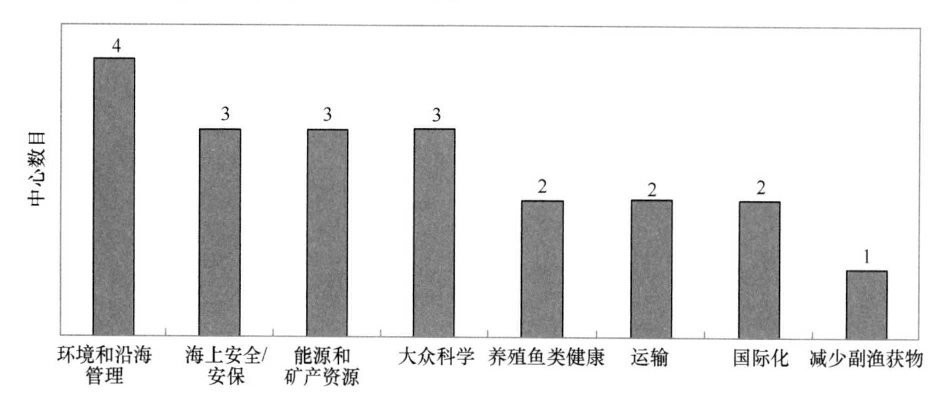

图 3. 11 创新目的

接受调查的创新网络中心的数目及创新目的

注：各个创新网络中心可能侧重于一个以上的领域，因此，重点领域的数量可能大于创新网络中心的数量。

资料来源：经合组织海洋经济创新网络调查结果分析。

3. 2. 3 关于知识共享和分配的问题

正在建立合作关系的组织都会问一个重要问题，即什么信息（或知识）应该与其他合作者共享。与组织以外的互动会引发关于维护和保障知识资产和知识产权（专利、商标、贸易“机密”等）的重要问题。所以，在如何分配或分享合作的利益方面存在不确定性。有文献指出，知识产权被窃取是全球创新网络面临的最重要风险，在 300 名接受调查的高级管理人员中，超过 60%的人表示，知识产权是合作创新中最尖锐的问题（Tyrrell，2007）。

在接受调查的创新网络中心中，显然存在着不同的知识共享案例。对于一些项目，只需要共享有限的知识；而其他项目，可以通过确保合作尽可能开放知识共享来实现更有效的结果。无论哪种情况，对合作者的信任对于网络内的有效互动都是至关重要的。缺乏信任，组织、甚至组织内的团队，就不太可能相互分享知识，也不太可能达成合同以外的协议。另一方面，自由的知识交流也可能导致无关知识产权的安全受到损害。因此，创新网络中心可能有必要制定保护其网络内知识产权的政策。这种政策可能具有多种形式。约 1/10 接受调查的中心仅提供安全设施（会议室、计算机设备等），约 1/5 的中心仅提供咨询（见图 3. 12）。

第二个问题涉及如何在合作者之间分享创新收益。创新网络中心在处理创

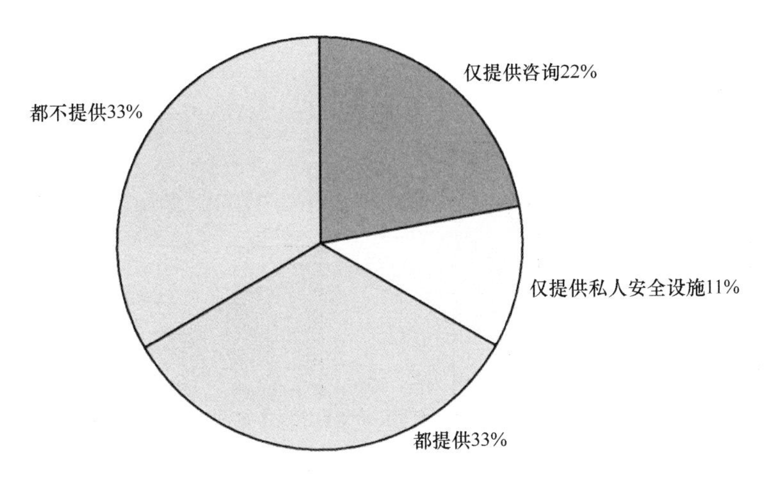

图 3.12 保障网络成员间知识交流的途径

接受调查且具有保障知识交流的特定方式的创新网络中心数量占答复总数的百分比

注：这些百分比数字是基于答复了调查表中相关问题的部分创新网络中心，而不是所有的创新网络中心。部分创新网络中心选择不回答有关问题。

资料来源：经合组织海洋经济创新网络调查结果分析。

新成果方面的作用取决于与合作组织达成的协议类型。创新网络中心处理创新成果的方式之一是利用知识产权工具，这是创新者保护其创新价值所普遍采用的方式。设立许可制度是最常见的做法，有60%的中心已推行许可制度（见图3.13）。

知识产权工具通常被视为衡量创新表现（如专利、商标和工业设计等）的一个标准。对接受调查的许多创新网络中心而言，知识产权注册可能并非优先处理事项。33%接受调查的网络中心已经注册了专利，而有一半以上（56%）的网络中心还没有申请任何知识产权工具（见图3.14）。

3.3 与海洋经济创新网络相关的利益

在衡量与创新网络相关的利益中，发现存在一些模棱两可的情况。以下各节首先介绍与评估有关的问题，然后确定创新网络为网络成员和整个社会带来的一系列定性利益[2]。

3.3.1 评估创新网络

评估网络化创新影响的文献相对稀少，对支持创新网络的公共方案进行专门评估的数量也相对较少（Cunningham and Ramlogan，2016）。

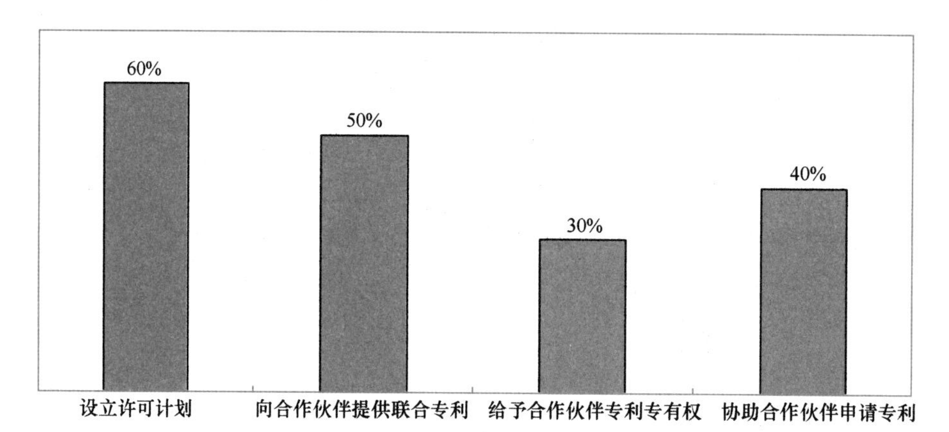

图 3.13　处理创新成果的方法

实施不同知识产权战略的创新网络中心数量占答复总数的百分比

注：这些百分比数字是基于答复了调查表中相关问题的部分创新网络中心，而不是所有的创新网络中心。部分创新网络中心选择不回答有关问题。

资料来源：经合组织海洋经济创新网络调查结果分析。

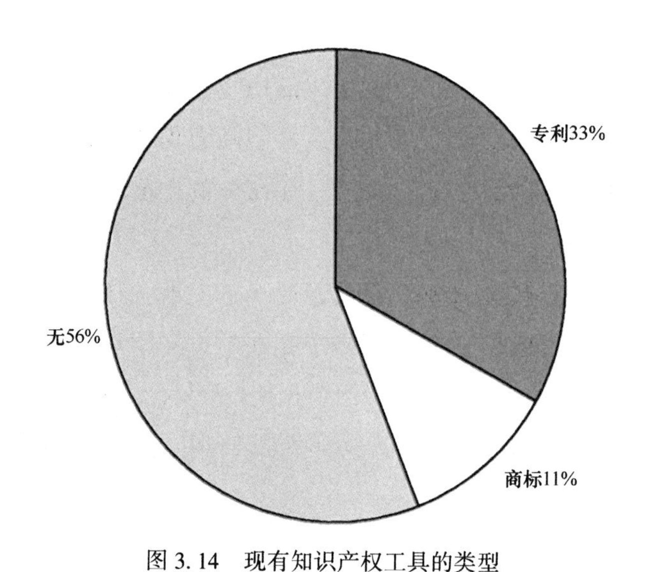

图 3.14　现有知识产权工具的类型

接受调查的使用特定知识产权工具的创新网络中心数量占答复总数的百分比

注：这些百分比数字是基于答复了调查表中相关问题的部分创新网络中心，而不是所有的创新网络中心。部分创新网络中心选择不回答这个问题。

资料来源：经合组织海洋经济创新网络调查结果分析。

在研究具体部门集群时，有学者认为企业是通过获得卓越的科学技术或市场需求来推动合作的（Porter，1998）。然而，“只要有公司、供应商和机构……

就可以创造经济价值的潜力，但不一定能确保实现这种潜力”。因此，参与创新网络的组织从创新网络中获得的利益可能更多地取决于无形因素，例如与信息更加自由流动有关的因素以及在本来不协调的组织之间协调目标和议程的意愿。使潜在利益分析更加复杂的是创新可以为主要创新组织以外的行为者创造重要价值，这是开放式创新框架得出的更普遍的结论之一（Chesbrough，2003；Porter and Kramer，2011）。

商业文献的若干种方法希望能梳理出这种复杂的关系。例如，价值网络分析法（Value-network analysis）就是一个可以模拟网络中利益相关者之间互动的理论框架（den Ouden，2012；Allee and Schwabe，2015；Grudinschi et al.，2015）。为了能有效地开展价值网络分析，必须充分理解所有利益相关者之间有形和无形的价值流，并确定其中包含的所有关系和互动作用。

因此，评估创新网络的绩效和广泛影响是一项复杂的工作，普遍涉及多种因素。例如，通过对丹麦创新网络计划给公司绩效带来的影响进行的国家级详尽评估发现，与类似的未参与赞助网络的公司相比，参与赞助网络的公司的劳动生产率和总要素生产率分别平均提高了 7%和 13%（Daly，2018）。这项分析是根据丹麦科学技术署和本章调查的丹麦创新网络（丹麦海上能源协会）收集的数据进行的，后者是参与问卷调查的 22 个网络之一。从参与企业的生产效率的角度来看，这种分析提供了有限但基于证据的对创新网络影响的评估。

然而，仅评估潜在收益不会考虑公共投资的效率以及赞助创新网络可能带来的不利影响。一般而言，与不存在公共资助的创新网络的国家相比，创新网络特有的任何降低创新成果的因素都将被视为不利因素。因此，为确定海洋经济创新网络的真正社会价值，需要进行适当的分析以对创新网络方案实施的成本效益以及更广泛合作所需的成本进行汇总。最终，需要评估创新网络的社会经济影响，以平衡各种利弊。

在这个背景下，对海洋经济创新网络的社会经济影响的初步研究可能有助于海洋经济创新网络的未来发展，并同时确保对公共支出进行合理监督。苏格兰拨款委员会委托进行了一次这类审查，目的是评估其创新中心项目计划的进展情况，苏格兰水产养殖创新中心（SAIC）就是该项目计划的产物。对整个“创新中心项目计划”的独立审查范围广泛，涉及监督、供资机制和更广泛的影响等诸多问题。总共提交了 55 份书面材料，进行了 41 次访谈，并委托外部咨询公司进行了经济影响评估（EKOS Consultants，2016）。

经济影响评估重点研究了项目计划的更广泛的社会经济影响。对创新中心创造的就业岗位数目、总增加值、工资、营业额和降低的成本进行了估计。尽管处于开发的早期阶段，但这次评估发现了积极的影响和未来利益潜力的证据。例如，核心案例估计，整个“创新中心项目计划”带来的额外全职就业岗位约为330个，总增加值约4 440万英镑。这些结果有助于独立审查员在其最后报告中提出建议，证明在项目计划评估中开展这类研究是有用的，并为评估创新网络的社会影响提供了有用的基础资料。

3.3.2 为参与海洋经济创新网络的利益相关者带来的好处

为了解各个组织加入海洋经济创新网络的动机，经合组织问卷调查要求被调查者提供其参与的至少两个项目中关于所作出的贡献和所获得的收益的信息。由于参与网络的组织有所不同，所以各组织在其参与的项目中所作出的贡献和通过合作所获得的收益也各不相同。本节对参与网络的利益相关者获得的利益进行了定性描述，与接受调查的创新网络中心所提交的报告结果吻合。

利益相关者普遍对海洋研究和开发采取协调一致的办法，并加强跨领域的协同作用

与海洋经济创新网络有关的利益往往是为了应对与多方面研究和开发有关的挑战而产生的。例如，在海洋研究的目标和投入力量方面，各利益相关者普遍显得零散。为此，创新网络为不同的研究团体提供了一种协调的方法，并改善了跨部门的协同作用。下面通过一些示例加以说明。

这里概述的第一项挑战涉及海洋经济新领域中的研究人员和行业参与者之间的联系。爱尔兰海洋和可再生能源中心（MaREI）很好地说明了如何利用创新网络来协调零散的研究环境，从而形成解决问题的新方法，并促进新创新的发展。MaREI总部设在科克大学，是本章调查的最大的创新网络中心，拥有200多名员工，预算超过3 500万欧元。该中心汇集了诸多研究小组和约45个行业伙伴，提供测试基础设施，通过协调研发界的力量促进海洋可再生能源的创新。开发的技术旨在利用海洋能发电（例如海上风能、潮汐能、洋流能、潮差能、波浪能以及温差能和盐差能）。人们越来越认识到，这些技术对于希望将能源结构从化石燃料转向其他能源的国家来说是一个良机。与较成熟的海

洋产业相比，可再生能源产业相对较年轻，处于早期发展阶段。除海上风电外，大多数可再生能源技术尚未在商业规模上得到证实，科学和技术方面的困难仍然存在。

第二个挑战涉及海洋经济和海洋环境在科学、技术和后勤方面日益复杂的应用研究。一个组织架构合理的创新网络能够汇集各行各业的参与者和合作伙伴，从而加强多学科方法和活动，使得成熟技术与新兴技术的融合成为可能。

下面的例子可以说明这一点。目前大多数水产养殖都是在沿海水域进行的，不受恶劣条件的影响。而在挪威，沿海大部分地区都处于恶劣条件下，极大地缩小了工业化鱼类养殖的可用空间。因此，进入开阔水域对该行业来说是一个潜在的机会。然而，养殖业主的现有技术并不适合在开阔水域作业。而且，在开阔水域作业的技术要求和后勤复杂性远超过屏蔽水域（关于这些挑战的内容请参阅第2章）。因此，挪威水产养殖作业研究中心力图通过将强有力的研究与行业应用相匹配，促进在开阔水域进行鱼类养殖所需的创新。挪威水产养殖作业研究中心旨在通过提高作业安全性和可靠性来处理在开阔水域增加的复杂性，同时确保可持续生产。正在开发的技术类型包括：远程操作的自主系统和技术；对鱼类、场所和运行的监视和决策支持；开阔水域的构筑物以及作业船舶的设计。此外，研究人员正在研究开阔水域的人类存在对安全和风险管理的影响，以及在恶劣条件下鱼类的行为和健康。为实现这些目标，该中心汇集了一个由14个行业合作伙伴和4个研究机构组成的联盟。它为研究人员提供了进入开阔水域的机会，以获取所需的测试技术和专业知识，确保测试的可靠性。

第三个挑战是如何利用各领域之间和跨领域的协同作用促进新构想的发展和相关创新的创造性进程（更多示例见专栏3.2）。来自不同创新网络的三个实例有助于展示网络化创新助力实现跨领域协同作用的优势。

- 与基础研究相联系。例如，加拿大海洋前沿中心（OFI）是一个国际海洋研究中心，总部设在加拿大东海岸的达尔豪西大学和纪念大学。OFI的关注重点是可持续发展，它鼓励跨学科（尤其是社会科学和自然科学）间的大力合作，以探索加强经济和保护海洋不断变化的生态系统的解决方案。通过教育、培训和交流以及资源和信息共享，使得OFI的工作跨越两个广泛的领域：①大气-海洋相互作用导致的海洋动力变化和不断变化的生态系统；②有效的资源开发方法，这些方法具有可持续性、全球竞争力、社会接受性和适应变化的能力。在地理上，OFI 的研究涵盖了北大西洋和加拿大北极门户，包括拉布拉多海和加拿大北极群岛海峡的东部。

专栏 3.2 “构思”助力海洋创新

正确的网络设置可以支持海洋创新的“构思”。构思是形成和发展新理念的创造性过程，从最初概念到实际应用。有时，各种类型的组织都需要将“简单粗略”的理念转化为能够完全实现的项目计划。当与研发投资相关的风险具有相当大的不确定性时，这种将理念转化为计划的需要就会特别明显。例如，比利时佛兰德的 IBN 海上能源公司为海上能源领域的大型公司、中小企业、初创企业、研发密集型企业和具有创新意识的组织的创新项目规划进程提供了相当大的便利。在某些情况下，该公司只是为创新成果匹配参与者。在其他情况下，公司将协助合作者为申请无偿经费和其他资助计划编制完整的项目计划。除了协助项目规划进程，公司还代表其网络提供一系列服务，其中包括：通过在商业环境中展示技术来支持研发投资；通过综合解决实际问题的办法创建新的价值链；向市场迅速传播新的科学知识；在国际论坛上代表佛兰德人提出他们关注的问题。

- 确保与其他特殊领域（无人机等）网络的合作。丹麦通过网络跟踪相关行业创新和相关知识显然构成另一个实例。与丹麦各种海上能源部门有关的组织通过一个名为“丹麦海上能源协会”的创新网络中心合作开展创新活动。协会成员均涉及海上油气、海上风能和波浪能领域，旨在促进丹麦海洋行业内各个参与者之间的创新项目和活动。此外，该中心还时刻关注其他领域的创新技术，寻求将其运用于海上能源行业的机会。这方面的实例包括确保创新网络之间的合作，例如，与在丹麦无人机行业中开展业务的许多中小企业开展相关的合作。在海上能源领域和无人机领域之间建立联系，能够为许多应用领域提供机会，使两个领域同时受益。持续跟踪相关创新、最新知识和获得相关行业的测试设备的途径将会为创新网络带来更多基础性利益。

- 确保与其他特定领域网络（信息和通信技术）的合作。鼓励在数字技术方面推进多学科和跨领域研究变得越来越重要。数字化正在推动文中提到的许多技术的进步，从自主式运载器到性能更优越的船用传感器。随着海洋经济的持续数字化，海洋数据将成倍增长，数量远远超越已收集到的数据。这有可能为增进海洋环境的认知带来重大利益，并为创新型公司提供机会。为了研究数字海洋数据的新用途，位于法国布列斯特的法国世界海洋中心自2016年起便开始组织名为“海洋编程马拉松”的年度竞赛，吸引了不同的研究团体和行业团体的参加（专栏3.3）。

专栏3.3 通过编程马拉松促进海洋经济的数字创新

“海洋编程马拉松”由位于布列斯特的法国世界海洋中心组织，汇集了来自不同背景的多学科团队，旨在解决基于海洋数据的挑战。这些挑战是多种多样的，旨在48小时内不间断产生创新的想法。例如，2017年，位于布列斯特（罗斯科夫）附近的布列塔尼轮渡公司在渡轮过境期间测试了虚拟现实分析周围环境的潜力。2018年，海洋编程马拉松吸引了来自法国、爱尔兰、比利时、英国和加拿大的86名参与者，开发了多种主题和用途的数据，其中包括探测和回避不明漂浮物、航海实时报道、实时可视化卫星观测、鲨鱼监测和藻类物种智能手机识别。除了探索海洋数据的创新用途，海洋编程马拉松还为数据工程师和科学家提供了接触收集和处理数据的组织的机会。此外，竞赛还吸引了不同组织提供的数据，而通常这些组织不允许访问其数据库。这为数据提供者和具有将数据开发成有用产品的技能团队提供了机会。同时，海洋编程马拉松还允许数据监护人员获得测试打开未开放数据的好处。

为获得合适的研究设施和专业知识提供便利

在可控的环境中测试创新的能力，通过获得合适的研究设施和专业知识，消除许多海洋经济技术发展的重要障碍，这是创新网络存在的重要作用之一。

• 例如，最近在法国布列塔尼北部的布列斯特成立的法国世界海洋中心正在利用现有的区域优势，促进深层次沟通，切实协调联合活动，并代表中心进入各种示范区。地方当局通过商业支持组织和技术转让方案等其他支持服务，建立了该地区与海洋的历史联系。该网络在法国海洋开发研究院（Ifremer）等研究机构、渔业捕捞船队等传统海洋产业、新成立的创新公司和与海洋有密切联系的充满活力的大学社区之间建立了进一步的联系。网络的形成使得人们对海洋相关活动的关注度急剧上升，直接为布列塔尼沿海最大的城市布列斯特带来了 65 650 个就业岗位（占总数的 5%）（ADEUPa，2018）。

• 在法国以南的加那利群岛海洋平台（PLOCAN），提供各种测试设施，测试各种活动的创新性。PLOCAN 于 2007 年启动，旨在为公共和私人科学技术社区提供发展创新所需的大型基础设施。该平台自设立以来已经开发了一系列其他设施和服务。除了 2016 年安装在大加那利岛东北海岸的多用途平台，PLOCAN 还有一个 23 平方千米的平台以及欧洲海洋观测站网络的一个多学科观测站。该多用途平台配置一个控制塔，可用于监控平台和周围测试现场、实验室和教室、开放工作区以及测试池（用于海上试验和投放水下运载器）中所进行的所有测试活动。PLOCAN 还提供了一系列服务来优化核心测试基础设施，包括对基础设施测试和演示、管理咨询以及教育和培训方面的援助。例如，该平台每年主办一次海洋滑翔机技术培训论坛。为期一周的“滑翔机学校”汇集了滑翔机技术的领先制造商，并通过课堂、实验室和开放水域课程为学生提供实践经验，所有这些都在测试现场的设施中进行。

支持海洋经济中的初创企业和中小型企业

在海洋经济中参与建立正式创新伙伴关系的大多数组织，都属于中小型企业。中小型企业和初创企业一样，都面临着许多挑战，特别是在资金、基础设施和创新成果市场开拓速度等方面。创新网络通常可以吸引区域、国家和国际机构的额外资金，为中小型企业和初创企业提供培训、降低风险、营销和商业化等方面的支持，同时也为研发提供融资机会。

• 例如，为了利用葡萄牙悠久的海洋活动和探索历史，若干所涉及海洋经济的大学于 2015 年创建了葡萄牙海洋初创公司，目的是发扬海洋创业精神，为初创企业提供全面的支持和帮助。所提供的支持类型包括获得教育和研究的机会，也包括就商业和管理问题提供咨询意见。该公司还通过相关领域的初创企业孵化器和精英中心网络更广泛地寻找机会。

• 英国海洋自主与机器人技术创新中心（MARSIC）提供了另一个例子，该中心在促进大型老牌公司与小型创新组织之间的互动方面颇有建树。从本质上来讲，创新网络中心是一个非正式的金融中介机构。根据英国海洋自主与机器人系统创新中心的模式，有兴趣开发下一代技术的大公司将会支付费用，成为创新中心的“准成员”。他们无权经常在中心工作，但可以接触到“战略合作伙伴”。这些伙伴是在创新中心开发新技术的组织，通常是中小型企业和学术合作伙伴。这种安排的好处是双向的。准成员代表海洋技术的终端用户，他们了解业务需求的细节，因而能够相应地影响创新的方向，这大大提升了他们利用开发技术的概率。他们还对技术发展有早期见识，这使他们能够始终位于创新渠道的最前沿，并据以制订相应的计划。另一方面，战略合作伙伴能够更好地根据市场需求开展创新，提高技术在市场上获得成功的可能性。他们在创新中心工作时获得的支持部分由准会员支付的会费提供，这降低了小型企业创新的经费负担。

- 再往北，斯特林大学的苏格兰水产养殖创新中心（SAIC）发起了一个名为“北部周边和北极水产养殖创新网络”（AINNPA）的试点项目，使农村和偏远地区的中小企业能够参与水产养殖供应链。“2014—2020 年北部周边和北极（NPA）”项目计划正在促进欧盟北部和北极地区的 9 个国家及地区之间的合作。该项目计划由欧洲区域发展基金（ERDF）资助，成员包括芬兰、瑞典、苏格兰、北爱尔兰、爱尔兰共和国、法罗群岛、冰岛、格陵兰和挪威。该项目计划的核心目标是在整个欧盟北部周边和北极偏僻的地方“利用创新来维持和发展强大和有竞争力的社区”。地处偏远的中小企业是北部周边和北极水产养殖业的关键。该行业的可持续增长需要新的创新产品和服务。然而，中小型企业获得创新服务的机会普遍参差不齐，而且受到限制。针对这一问题，AINNPA 试点项目为面向水产养殖的中小型企业开发了跨国创新解决方案，并为尚未参与水产养殖行业的创新型中小企业开拓了新市场。试点项目通过激活与水产养殖供应链合作的偏远中小型企业的国际网络，分享向这些中小型企业提供创新服务的模式，以及结合研发力量为国际市场开发新产品和服务等方式对上述问题进行探讨。AINNPA 的预期产出是参与区域的水产养殖创新服务综合网络：由中小型企业牵头，确定与区域相关的水产养殖创新主题的优先次序以及创新的水产养殖产品和服务。其他项目伙伴包括 Matis 研究和创新机构（冰岛）、Bantry 海洋研究站有限公司（爱尔兰）、SINTEF 渔业和水产养殖部门（挪威）和法罗群岛水产养殖研究站。

3.3.3 与海洋经济创新网络相关的更广泛利益

除了为加入海洋经济创新网络或为与海洋经济创新网络相关的组织带来的利益，本调查还揭示了一系列更广泛的利益，这些利益可以更广泛地传播到社会中。下面概述的三个类别是围绕海洋经济创新网络为实现更广泛的社会目标作出贡献的潜力展开的，例如：建设科学能力和投资于未来的技能和知识；在相关经济领域之间传播知识以及创造更可持续的经济活动。

海洋经济创新网络对科学能力建设和未来技能及知识投资的贡献

接受调查的创新网络都是由不同类型的公共组织建立的，这些组织或者是技术机构，或者是公共研究中心和大学。调查突出了许多建立创新网络的驱动力，从而解释这些组织决定正式建立创新网络的动力。这反过来表明，创新网络已经带来了大量的活动和利益。然而，与公共研究机构和大学有关的网络的共同动机是利用创新来充实海洋科学。总的来说，科学能力的提高使所有人都受益，无论是改进对恶劣天气事件及其影响的预测，还是通过深入学习和了解海洋动植物而激发兴趣，这里所说的仅是两个例子。

各种方式的创新都可以提高科学能力。改进海洋监测是创新网络积极寻求的潜在方式之一。无论如何，测量和观测海洋的能力是海洋科学的基石。若干种正在开发的技术有望以更有效的成本结构实现更一致的海洋观测。例如，海洋自主式运载器提供了一系列选择，与载人运载器、人为操控机器人、浮标和其他海洋观测系统相比，海洋自主式运载器能更有效地监测海洋。船用传感器和仪器的相关进展，包括芯片实验室技术，使海洋环境的测量和处理速度更快，所需功率更低。在提高效率和海洋观测技术的效能方面，还有许多其他典型实例。该领域的进步使人们能够开展更多的科学研究，产生更多发现，探索新的知识，从而使社会更深入地认知海洋。

除技术进步外，接受调查的创新网络正在制定改进海洋监测的办法，其中更多地注重管理和国际合作领域，而不是研发领域。有效和持续地监测海洋的能力面临的挑战，因其规模以及公海不在沿海各国管辖范围内这一事实而变得复杂。无论如何，只要单方面开展这类活动，其有效性都较差，对于在沿海国专属经济区以外进行的观测而言更是如此。在这方面，开展国际合作是有意义的，参与本研究的许多中心正在积极追求其网络的国际化。调查中提到的例子包括对新技术发展的跨国界关注、研究船共享以及举办国际研讨会和会议。这些举措提高了国际科学能力，在多边基础上扩展了相关的社会利益。

这里还有一个重要的问题，就是要培养一支技能娴熟的研究队伍，随时准备为明天的先进技术而奋斗。这就要求既要预见技术发展，又要预见它们可能推动的新科学发展。将教育机会纳入创新过程是接受调查的创新网络力图满足这些复杂需求的一种方式。许多创新网络为硕士和博士研究生、博士后研究员提供了获得资助的机会，也为产业专业人员提供了获得高级培训的机会。有的创新网络聘用研究生和初级研究人员在项目中担任职务，参与日常活动。着眼于未来，直接发展研究能力是关键，同时通过网络加强各类型利益相关者之间的联系以及促进有前途的专业人员的职业发展。这些努力提高了科学家及其学生对创新商业活动的认识，反之亦然。对海洋知识的重视，能够提高普通民众对海洋的了解，社会就可能继续迅速吸收海洋研究带来的好处。

海洋经济创新网络对海洋经济以外知识传播的贡献

前文已经列出了一些活动，例如为获得专业知识提供便利及将实验室的创新转化为现实，从而为网络参与者及直接利益相关者带来了利益。本节介绍的重点是在通常不相关的领域中传播知识，从而促进业者之间原本不会发生的相互作用，为海洋经济以外的社会领域带来利益。

与所有其他领域一样，海洋经济深受领域外赋能技术的影响，例如信息和通信技术在海洋自主核心方面取得了广泛进步（例如机器视觉图像处理），并且在整个海洋产业和科学领域得到了广泛应用；将传感器从陆基工业改造成适合于海洋油气业的产品，例如用于检测废水处理设施气体泄漏的传感器；此外，利用超声波技术和医疗诊断工具为养殖鱼类清除鱼虱并评估养殖鱼类的健康状况，从而减少对鱼类或周围环境的损害。

上述例子表明，各经济领域之间的知识交流为海洋创新提供了机会，而只专注于涉海活动的组织，就无法获得这样的机会。没有参与网络的组织，如果有针对性的突破被证明属于可兼容技术，那么采用一般状态的技术成本可能会超过潜在的收益。因此，创新网络在跟上技术市场的最新发展方面发挥着重要作用，并涵盖了任何组织都无法单独实现的、更广泛且有前途的途径。此外，创新网络中心有时会通过专门的会议和/或新闻通讯来跟踪技术发展，考虑可能的海洋应用并向其合作伙伴组织交流进展情况。这不仅有利于海洋经济的发展，也有利于产生替代技术的领域，为社会进步提供可资利用的技术资源。这里还应指出，创新可能走向另一个方向，即从海洋经济转向其他领域。其中，创新网络的核心服务之一是在众多组织之间分散技术推广的成本，这对于难以单独投资更大风险的小型企业来说尤为重要。

在海洋经济创新网络对领域外知识传播的贡献方面，其第二个要素与提高决策者对海洋经济创造社会价值的潜力的认识有关。海洋产业往往属于广谱政策范畴。例如，海洋和滨海旅游业可能主要受到针对旅游业的政策的影响。空中无人机技术的进步在整个海洋产业中都具有广阔的前景，但因市场针对土地利用政策监管不力而受到限制。海洋可再生能源是化石燃料的清洁替代品，有助于减少电力工业的碳排放量，但决策者可能低估了海洋可再生能源的潜力。上述种种，决策者都需要对与海洋应用相关的细微差异给予充分关注，而不应只注重陆地经济和海洋经济的区分。

创新网络在这方面提供了有用的平台。通过汇集资源和将各种业者组合在一起，网络可能比单个组织的表现更优越，并可能代表广泛的观点。例如，在海洋可再生能源方面，网络能够将环境监测方面的专业知识（可能来自研究机构）与能源业务的实际经验（来自能源公司）结合起来，制定可靠的选址建议。多方利益相关者的方法使决策者相信机会是均等的，并为各界宣传其活动的重要性提供机会。归根结底，海洋经济方面的网络协作为决策的有效协商和沟通创造了空间。因此，海洋政策改进以及社会从中受益的前景更有可能实现。

海洋经济创新网络对可持续经济活动的贡献

创新网络的核心功能是在极其不同的组织之间建立合作关系。每个接受调查的创新网络中心都表示，鼓励这种合作的根本目的是以环境和经济上可持续的方式来获取海洋提供的机会。在最基本的层面上，将各种动机不同但目标一致的组织聚集在一起，为科技和商业开拓创新，有助于在短期内推动经济活动。然而，海洋经济是海洋产业及其依存的海洋生态系统组成的互动系统。两者的相互依存性意味着必须以鼓励保护和可持续利用海洋生态系统的方式开展经济活动。许多正在开展的创新活动和上文以及第 2 章中的实例，都考虑了这些目标。

可持续的海洋经济将在许多层面上提供社会利益。以海洋可再生能源领域为例，适用于该领域的任何技术，其发展的最终目标都在于降低可再生能源的度电成本，从而降低能源系统中温室气体和其他有害污染物的排放，节约社会成本。海洋自主式运载器可提供对海水环境全面调查所需的技术，但费用仅为目前的一小部分，而且具有降低人员冒险的额外优势。这类技术的环境效益是显而易见的，特别是应用于科学研究或可再生能源开发的技术。

此外，创新，特别是网络方面的创新，在实现可持续海洋经济方面发挥着无形的作用。网络中的合作者若再有不同的专业人才相辅相成，就可以沿着网络参与各方的目标组合形成的路径向前发展。例如，在对环境具有潜在不利影响的项目中，只要有海洋科学家参与创新，所形成的结果就会比纯粹由产业本身创新形成的结果更容易被社会接受。通过建立联系和形成关系，其他领域的新兴技术也可能在海洋中获得新的应用，从而激励经济活动、建立新联系、打开新市场。最后，在学术界与企业界之间建立联系桥梁有助于维持拥有蓬勃发展潜力、具有适合于可持续海洋经济的技能的员工队伍。毕竟，优化教育系统，培育适用能力，也许是所有这些项目长期可持续发展的最重要决定因素。

3.4 如何确保创新网络产生积极影响

接受调查的海洋经济创新网络业务范围各不相同，但显然具有若干共同点，其中包括面临的挑战。以下各节对有关挑战加以概述，并为希望确保创新网络具备良好运营条件的决策者提供备选政策。

3.4.1 海洋经济创新网络面临的挑战

创新网络中心报告的以下四项重大挑战不应视为海洋经济创新网络所面临的所有问题，而是提供了对海洋和海事业者之间合作计划所面临挑战的若干见解。

1. 充分利用海洋经济不断增长的机遇

许多网络的目标普遍是开发确保海洋经济发展的创新项目，这样的项目既能提供与经济增长相关的利益，又能保护和可持续利用海洋生态系统。这些目标还将影响到更广泛的目标，如促进整体经济的脱碳等。尽管如此，海洋经济创新所带来的诸多机遇尚未得到充分利用或认识。海洋可再生能源业（MRE）就是一个例子。鉴于许多国家正努力在中期内改变其能源结构，不再使用矿物燃料，因此，海洋可再生能源可能变得日益重要。而在世界许多地区，人们普遍认为，创新在降低海洋可再生能源成本方面发挥了作用，海上风能成本的降低尤其显著。除了直接负责可再生能源事务的国家决策层，其他国家决策层都忽视了这一点。在新建和/或规模较小的创新网络中，这类问题显得更为重要，这些创新网络可能没有能力将其创新成果传达给适当的受众。另一方面，规模较大的创新中心报告了与决策者的积极联系。

2. 应对合作中日益增加的挑战

尽管海洋经济的网络创新带来了诸多好处，但在开展合作活动方面仍存在一些重要挑战。也许最大的问题与创新网络中心的核心功能有关，即是否成功地在具有不同目的和目标的组织之间搭建桥梁。例如，与具有学术背景的合作伙伴相比，企业投入研发的时间普遍较短。学术界最感兴趣的是追求新知识，而商界则更重视现实中开拓市场的能力。在一定条件下，研发重点的不一致和投入时间的不匹配可能使得合作伙伴意见相左，从而不利于创新。因此，创新网络中心的工作是匹配兼容的组织和缩小组织间的差距，这样的差距如果没有正常运行的中心是不可调和的。与此相关的是，必须保证参与合作的不同类型的组织数量是平衡的。最强大的网络可能包含一系列合作伙伴类型。通常由创新网络中心负责确保适当的平衡，并相应地管理各种关系。

3. 平衡商业潜力和更多研究机会

虽然在许多情况下，不同类型的组织混合和匹配可能促进创新，但也必须确保通过可行的投资使得创新具有商业潜力，并间接地为以事实为依据的政策环境作出贡献。在这种情况下，行业合作伙伴往往能够发挥作用，以确保研发直面海洋经济存在的问题。创新网络中心采用各种方法来协调这种互动。一些中心将行业提出问题作为其服务条件之一，另一些中心则举办联合早餐会和/或主动为潜在客户匹配特定技术。这些举措显然是值得的，有助于缓慢地走向商业成功。而创新也可能解决目前无法预见的问题，因此，这方面的基础研发也不应忽视。最终，无论是否提出问题，积极鼓励终端用户加入创新网络，使其参与创新过程肯定会产生深刻的影响。这样，潜在的终端用户就能够将创新引向有益的方向，但也可能因为只有通过积极参与创新过程才能发现机会从而受到启发，改变他们的运作方式。

4. 在网络中保持创新文化

最后，海洋经济创新网络的重要贡献是保持不同参与者群体内部及其相互之间的创新文化。在这方面，决定成功的关键因素包括坚持对影响相关创新领域的问题的深刻理解，以及在合作组织之间建立有效的工作关系。创新网络中心在培养这些属性方面发挥着根本作用，反过来又能促进海洋经济创新。它们发挥的作用日益成为未来可持续海洋经济的核心。然而，政策在助力这一最重要的海洋经济趋势上仍有很大空间。例如，接受调查的许多创新网络中心的工作人员人数很少、资金投入时间较短、进入试验和示范场所受到限制等。以下各节详述可能改进政策的领域，以便更充分地利用海洋经济创新带来的机遇。

3.4.2 应对海洋经济创新网络的政策选择

希望鼓励和监督本国海洋经济创新网络发展的政策制定者不妨考虑这些网络运行的环境。考虑到现有海洋经济创新网络的多样性，“一刀切”的政策不适合于海洋经济创新网络的发展。下文提出了几个备选方案，以培养海洋经济创新网络的潜力，使其在未来可持续地提供服务。

1. 评估创新网络的绩效及其影响

本文建议要采取的重要步骤之一是开展独立和可信的审查，以确保通过创新网络渠道获得的公共资金用于目标达成，即促进不同利益相关者之间的合作，最终形成创新的目标。评估创新网络不同时间段的绩效有助于确保其成熟后的有效性和可持续性。如前几节所述，对海洋经济创新网络开展次数有限的独立评估结果表明，所调查的领域内外均产生了利益。但是，如果要充分评估和广泛理解其影响，就需要付出更多的努力来评估。

2. 将监管导向创新

监管与创新之间的关系往往含糊不清。一方面，监管会对创新率产生积极和消极的影响；另一方面，技术变革可能会使曾经有效的法规过时。鉴于此，监管框架应力求尽可能确保稳定性（为私人决策者提供一定程度的确定性），同时在必要时能够适应技术发展的趋势。这往往是一个困难的目标组合，在海洋经济中尤其具有挑战性，因为海洋经济的安全和环境问题最为重要（专栏 3.4）。

专栏 3.4　海洋自主式运载器的监管挑战

在与海洋自主平台有关的项目中，有一个例子可以显著说明监管环境对海洋经济创新网络中技术发展的重要性。目前，海洋自主式水面船舶（MASS）受到常规船舶设计法规的约束。完全由海员驾驶的船舶设计条例可能不适合所有自主交通工具，并可能阻碍创新。此外，根据船舶行驶的区域类型（沿海、公海、航道、偏远水域等）和使用的自动化水平（仅有限的自动化功能到完全自主），可能需要制定不同的法规。几项业界主导的尝试已经评估了监管环境对该领域发展的影响［例如，见 Ramboll and CORE Advokatfirma（2017）；UK Maritime Autonomous Systems Working Group（2017）］。现在，该问题正受到联合国国际海事组织海事安全委员会（IMO-MSC）的关注。如果要最大限度地提高投资者的确定性，就应该加强和扩大这些努力。

基于绩效的规章针对的是特定产品或服务对健康、安全和环境成果的影响，其中没有为特定技术制定技术规范，也没有要求一定要达到特定标准（与基于技术的标准不同）。因此，基于绩效的规章普遍属于技术中立型规章，为创新者提供了一定程度的灵活性，可以通过多种途径来满足监管规章的要求。人们普遍认为，灵活性有利于创新，因为它允许在研发中进行更多的试验。然而，如果监管是为了鼓励创新，那么，在设计监管时就必须考虑到可能阻碍创新的风险。关于如何最好地实现这一目标，存在很大的不确定性（实际上可能会同时产生两种影响），但在监管程序的整体设计和执行阶段纳入海洋创新专业知识（大多数接受调查的网络已经予以证实）可能会带来更多的创新，而且这些创新是因监管而引发的（专栏 3.5）。

3. 考虑在开发的后期阶段增加对技术的支持

研究初期的高昂费用使得政府不得不为基础研究和应用研究提供支持。这种资助机制往往只适用于基础研究。一旦科学原理表明有可能进行创新并获得概念证明，这类资金来源就会枯竭。不过，在海洋技术商业化的道路上，同样关键的是测试和示范产品有效运行的过程（大致相当于技术就绪的第六到第九阶段）。证明一项技术商业化就绪的成本很高，可能会成为创新的障碍。示范和测试的公共支持往往通过各种创新基金提供，接受调查的许多创新网络都利用了这类渠道。在某些情况下，可以在技术发展的后期阶段提供更多的资助，包括便利融资和提供适当的示范场地，在这些方面证明商业适用性至关重要。寻求支持海洋经济后期技术发展的主管部门可以将其视为一种选择。

专栏 3.5 规范水产养殖业的先进工具

由苏格兰水产养殖创新中心（SAIC）部分支持的、用于估算水产养殖废物对环境影响的新模型

水产养殖场产生的废物可能给环境造成重大影响。因此，是否为新的或为现有的养殖场发放或重新发放许可证将取决于相关部门关于这些养殖场对当地影响进行的评估。自 20 世纪 90 年代中期以来，人们一直用预测模型来评估养殖场对海底的影响。这类模型模拟了有机物从围隔养殖场到成为海底沉积物的过程，其中包含了生物降解和再悬浮过程。从 20 世纪 90 年代中期开始，诸如 DEPOMOD 等模型开始逐渐涵盖物理学和生物学。这类模型可以根据物理测量的预测来验证海底生物学的调查情况。后续对模型的阐述确保了这类模型在国际上的广泛应用。新知识的发展及数值模拟日益降低的成本和提高的效率为模型的进展提供了很大的动力。今天，随着用户友好型“newDEPOMOD”模型的发展，这种进展得以延续。这种新的模型在结合了详细的海洋测深和再悬浮知识的同时，还在养殖场周围采用经过验证和数值模拟的三维流动建模，取代单一的现场测量。“newDEPOMOD”模型的开发及其在不同海床类型上的参数化设计得到了苏格兰水产养殖创新中心和学术界合作伙伴的部分支持。这种基于跨领域合作的创新决策管理科学使苏格兰环境保护局（SEPA）能够改善监管，相关行业可能会从一些因过于简单的建模过程而导致的不可避免的预防性假设中得到解脱。

4. 投资或消除试验设施和示范场所的权限障碍

同样，在海洋中测试新技术的能力对于许多海洋经济创新的开发和商业化至关重要。调查显示，进入创新网络的重要动机是获得测试设施和证明技术达到目标的专业知识。

这表明，可以通过更好地利用测试基础架构来促进创新及其商业化。尽管这类设施的成本很高，但一些国家已经意识到了存在的差距，因而投资建设了专用设施。加那利群岛海洋平台（PLOCAN）就是这样一个例子。它能够测试诸多的技术，包括：海洋可再生能源；海洋观测、监测和监视技术；数据通信技术以及自主和遥控运载器。由于诸如PLOCAN之类设施的建造和运营成本高昂，因此，相比于投资新设施，主管部门共享设施可能更为谨慎。在这种情况下，应当考虑建立机制，进而鼓励跨领域或国家间的设施的稳定使用。

一项技术一旦在设施内得到验证，如果要让市场信任其能力，则该技术还需要在公海中得到验证。在海洋机器人和自主式运载器方面，海上示范点必然是大而深的。除了提供特别建造的设施，环境监管和许可制度还应允许进行这类海上示范。此外，还应鼓励共享示范点。

5. 考虑替代性资金来源可能在创新网络中扮演的角色

虽然公共财政是海洋经济创新的重要支持之一，但并不是决策者能够影响的唯一资金流。银行和创投资本也可为创新融资发挥作用，并将对政策环境产生的精心设计的激励措施做出反应。因此，决策者不妨探讨其在鼓励海洋经济创新者与合适的金融实体之间发展合作方面的作用。例如，投资于海洋经济创新的创投资本在确保和维系与终端用户的联系方面具有利害关系，并有可能协助管理创新进入市场的途径。一般而言，引入替代性资金来源可以增加海洋创新者的资金池，进而使其可以利用这些资源开展活动。同时，这类资金来源的引入也可为注重创新而非营销的小型企业带来提高营销等技能的机会，并最终为创新网络提供传统合作伙伴无法获得的其他机会等。

6. 提供长期路线图以提高确定性

对研发的投资具有内在的不确定性，创新要取得成效就必须承担风险。在接受调查的网络中，公共投资有助于将创新风险降低到可接受的水平。这种情况在各种规模的公司中都存在，但在资源有限的小型公司尤其如此。然而，公共财政不是无限的，而且正如前文指出的，普遍需要引入替代性资金来源。私人投资的主要障碍是政策环境造成的不确定性。如果政策设计不当，需要定期修订和/或缺乏对特定技术的政治支持，私人决策者就不太可能对投资抱有信心。因此，在海洋经济中引入替代性资金来源的关键点是需要有长期的、具有相当确定性的政策信号。长期路线图有助于在政策环境中建立确定性，这对于创新网络规划其活动以及对于维持私人投资而言至关重要。

3.5 前进的道路

海洋经济创新网络代表了海洋经济中一种特定类型的合作。通过许多创新组织良好的合作，这些网络原则上有可能产生多种效益，但是随着时间的流逝，对它们的实际性能和有效性需要加以监控。

经合组织对海洋经济创新网络的初步探索为该领域的深入研究奠定了基础。对经合组织最初调查表作出答复的大多数创新网络中心都是最近才建立的，随着它们的发展，调查结果可能会迅速发生变化。所调查的网络也集中在欧洲和加拿大，但在世界不同地区还有更多的中心需要研究，这些中心具有独特的结构，关注海洋经济的众多重点领域。因此，经合组织海洋经济小组将继续探索海洋经济创新网络，既要关注当前调查网络的发展，也要扩大案例研究的范围。

备注

1. 丹麦海上能源协会是丹麦海上能源业的创新网络。该中心起源于 2003 年成立的一个名为“丹麦海上中心”的国家产业集群组织。自那时以来，中心进行了若干改革。最近的改革发生在 2013 年，当时该中心与几家知识研究机构合并，取名为“丹麦海上能源协会”。2014 年，丹麦海上能源协会以创新网络中心的身份获得了丹麦高等教育和科学部等国家部门的认可。

2. 回复的调查表由创新网络中心提交，因此不能直接反映合作伙伴组织的观点和/或意见，因此，最终的结果可能带有偏见。未来，将对网络合作伙伴进行较为简单的调查，以了解他们对合作过程的想法。

参考文献

ADEUPa（2018），*Observatoire de l'économie maritime en bretagne*，Agence d'Urbanisme Bretagne，Brest，France.

Allee，V. and O. Schvvabe（2015），*Value Networks and the True Nature of Collaboration*，Meghan-Kiffer Press，Tampa FL，USA.

Chesbrough，H.（2003），*Open Innovation：The New Imperative for Creating and Profiting from Technology*，Harvard Business School Publishing Corporation，Boston，Massachusetts.

Cunningham，P. and R. Ramlogan（2016），“The impact of innovation networks”，in Edler，J. et al.

(eds.), *Handbook of Innovation Policy Impact*, Edward Elgar, https://doi.org/10.4337/9781784711856.00016.

Daly, M. (2018), "The effect of participation in Denmark's Innovation Network program", *Economics of Innovation and New Technology*, Vol. 27/5-6, pp. 454-478, http://dx.doi.org/10.1080/10438599.2017.1374045.

den Ouden, E. (2012), *Innovation Design*, Springer London, London, http://dx.doi.org/10.1007/978-1-4471-2268-5.

Dhanaraj, C. and A. Parkhe (2006), "Orchestrating Innovation Networks", *Academy of Management Review*. Vol. 31/3. pp. 659-669. http://dx.doi.org/10.5465/amr.2006.21318923.

Doloreux, D. and Y. Melangon (2009), "Innovation-support organizations in the marine science and technology industry: The case of Quebec's coastal region in Canada", *Marine Policy*, Vol. 33/1. pp. 90-100. http://dx.doi.org/10.1016/i.marpol.2008.04.005.

EC DGMARE (2008), *The role of Maritime Clusters to enhance the strength and development of European maritime sectors: Report on results*, Directorate-General for Maritime Affairs and Fisheries, European Commission.

EKOS Consultants (2016), *Business Engagement and Economic Impact Evaluation of the Innovation Centres Programme*, EKOS Economic and Social Development Consultants, Glasgow.

Freeman, C. (1991), "Networks of innovators: A synthesis of research issues", *Research Policy*, Vol. 20/5. pp. 499-514. http://dx.doi.org/10.1016/0048-7333 (91) 90072-X.

Grudinschi, D. et al. (2015), "Creating value in networks: A value network mapping method for assessing the current and potential value networks in cross-sector collaboration", *Innovation Journal*, Vol. 20/2, pp. 1-27.

Karlsson, C. and P. Warda (2014), "Entrepreneurship and innovation networks", *Small Business Economics*, Vol. 43/2, pp. 393-398.

Kauffeld-Monz, M. and M. Fritsch (2013), "Who Are the Knowledge Brokers in Regional Systems of Innovation? A Multi-Actor Network Analysis", *Regional Studies*, Vol. 47/5, pp. 669-685. http://dx.doi.org/10.1080/00343401003713365.

Nambisan, S. and M. Sawhney (2011), "Orchestration Processes in Network-Centric Innovation: Evidence From the Field", *Academy of Management Perspectives*, Vol. 25/3, pp. 40-57, http://dx.doi.org/10.5465/amp.25.3.zol40.

OECD (2017), "The links between global value chains and global innovation networks: An exploration", *OECD Science, Technology and Industry Policy Papers*, No. 37, OECD Publishing, Paris, https://dx.doi.org/10.1787/76d78fbb-en.

OECD (2016), "Strategic public/private partnerships", in *OECD Science, Technology and Innovation*

Outlook 2016. OECD Publishing, Paris, https://dx.doi.org/10.1787/sti_in_outlook-2016-10-en.

OECD (2015), *The Innovation Imperative: Contributing to Productivity, Growth and Well-Being*. OECD Publishing, Paris, https://dx.doi.org/10.1787/9789264239814-en.

OECD (2014), "Cluster policy and smart specialisation", in *OECD Science, Technology and Industry Outlook* 2014. OECD Publishing, Paris. http://dx.doi.org/10.1787/888933151884.

OECD (2013), "Knowledge Networks and Markets", *OECD Science, Technology and Industry Policy Papers*. No. 7. OECD Publishing, Paris, https://dx.doi.org/10.1787/5k44wzw9q5zv-en.

OECD (2012), *Knowledge Networks and Markets in the Life Sciences*, OECD Publishing, Paris, https://dx.doi.org/10.1787/9789264168596-en.

OECD (2010), "Knowledge clusters", in *Measuring Innovation: A New Perspective*, OECD Publishing, Paris, http://dx.doi.org/10.1787/836148814748.

OECD (2009), *Clusters, Innovation and Entrepreneurship*, Local Economic and Employment Development (LEED). OECD Publishing, Paris. https://dx.doi.org/10.1787/9789264044326-en.

OECD (2008), *Open Innovation in Global Networks*, OECD Publishing, Paris, http://dx.doi.org/10.1787/9789264047693-en.

OECD (2008), *Public-Private Partnerships: In Pursuit of Risk Sharing and Value for Money*, OECD Publishing, Paris. https://dx.doi.org/10.1787/9789264046733-en.

OECD/Eurostat (2018), *Oslo Manual 2018: Guidelines for Collecting, Reporting and Using Data on Innovation (4th Edition) The Measurement of Scientific, Technological and Innovation Activities*, OECD Publishing/Eurostat, Paris/Luxembourg, http://dx.doi.org/10.1787/9789264304604-en.

Perunovic', Z., M. Christoffersen and S. Fürstenberg (2015), *Unleashing the Potential of Maritime Innovation Networks*, Technical University of Denmark, Copenhagen.

Porter, M. (1998), "Clusters and the New Economics of Competition", *Harvard Business Review*, Vol. 76/6, pp. 77-90.

Porter, M. and M. Kramer (2011), "Creating Shared Value", *Harvard Business Review*, Vol. 89/1/2, pp. 62-77.

Ramboll and CORE Advokatfirma (2017), *Analysis of Regidatory Barriers to the Use of Autonomous Ships: Final Report*, Danish Maritime Authority, Korsor, Denmark.

Tyrrell, P. (2007), *Sharing the idea: The emergence of global innovation networks*, Economist Intelligence Unit.

UK Maritime Autonomous Systems Working Group (2017), *Being a Responsible Industry: An Industry Code of Practice for Maritime Autonomous Surface Ships up to 24m in length*, Maritime UK and the Society of Maritime Industries, London, United Kingdom.

4 评估海洋经济的创新方法

要充分发挥海洋的潜力就必须以负责任的、可持续的方式发展海洋经济。为更好地管理海洋，需要更为可靠的数据来指导决策者的行动和制定循证政策。这就需要决策者深刻了解海洋经济的深层含义及各类海洋活动与大经济体之间的联系。本章就衡量海洋经济的新方法，特别是卫星账户在海洋经济两大支柱（基于海洋的经济活动和海洋生态系统服务）方面的应用进行了探讨，同时还衡量了持续的海洋观测为科学、大众经济和社会带来惠益的途径。

4.1 用新方法衡量海洋经济

从缓解气候变化到为不断增长的世界人口提供蛋白质，健康的海洋及其资源对于应对地球在未来几十年面临的多重挑战责无旁贷，因此，需要我们采取负责任的、可持续的方法管理经济的快速发展。在实践中，决策者需要更加可靠的社会经济数据为其行动和循证政策提供依据。这意味着需要更好地理解可持续海洋经济的内涵及其各种活动与经济统计数据之间的联系（例如国民账户的统计数据），其中包括作为关键组成部分的环境，所以需要突破行业的限制，采取新的办法来衡量海洋经济。

本章：

• 综述了现有海洋经济评估方法，明确了海洋经济和海洋环境面临的挑战和可能的解决方案；

• 指出了发展海洋卫星账户是未来可采取的方式之一，并借鉴不同国家的经验教训，根据经合组织国民核算的观点提出了切实可行的建议；

• 分享作为科学基础设施和技术运作系统的海洋观测站如何影响我们的社会和整个经济的调查结果。除了在我们了解海洋方面发挥关键作用，海洋观测站还将为社会经济指标提供更多的循证信息，引导政策制定者的投资和优先事项的确定。

4.2 新评估的起点：在经济活动和环境之间找到正确的平衡

本节概述了海洋经济的概念，综述了海洋经济活动的衡量问题，介绍了与海洋生态系统评估有关的关键问题。

4.2.1 海洋经济的概念

关于基于海洋的经济活动，世界各地采用了不同的术语，包括大洋产业（ocean industry）、海洋经济（marine economy）、海洋产业（marine industry）、海洋活动（marine activity）、海事经济（maritime economy）和海洋行业（maritime sector）等，上述术语一般不包括海洋环境，但蓝色经济除外，因为蓝色经济的概念本身就很广泛（表4.1）。

表 4.1 海洋经济的若干定义

国家	主要内容
美国	①明确定义其活动与海洋有关的产业，或②部分与海洋有关并位于近岸邮政编码区内的经济活动
英国	在海上或海中的活动，也包括直接为这类活动进行商品生产或提供服务的活动
澳大利亚	基于海洋的活动（“海洋资源是主要投入吗？进入海洋是活动的一个重要因素吗？”）
爱尔兰	直接或间接利用海洋作为投入的经济活动
中国	与海洋开发、利用和保护有关的各种活动的总和
加拿大	以加拿大海区和毗邻的沿海社区为基地，或依靠这些地区的活动获得收入的行业
新西兰	在海洋环境中进行或利用海洋环境开展的经济活动，或为这些活动提供必需的产品和服务的活动，或对国民经济作出直接贡献的经济活动
日本	专门负责开发、利用和养护海洋的行业
韩国	在海洋中发生的经济活动，包括为海洋活动提供产品和服务并将海洋资源作为投入的经济活动
葡萄牙	在海上进行的经济活动以及不在海上进行但依赖于海洋的其他经济活动，包括海洋自然资本和海洋生态系统以外的不可交易服务

资料来源：改编自《重建海洋经济分类体系》，(Seo Park and Kildow，2014)，http：//dx.doi.org/10.15351/2373-8456.1001 以及《海洋卫星账户——2010—2013 年方法学报告》，（葡萄牙统计局和葡萄牙海洋政策总局，2016）。

经合组织将海洋经济定义为海洋产业的经济活动以及海洋生态系统提供的资产、产品和服务的总和（OECD，2016）。换言之，海洋经济包括以海洋为基础的产业活动（如航运、渔业、海上风电、海洋生物技术），也包括海洋提供的自然资产和生态系统服务（鱼类、航道、二氧化碳吸收等）。

这两大支柱相互依存，其中涉海产业的许多活动都源自海洋生态系统，而产业活动同时又影响着海洋生态系统。海洋经济概念是具有相应经济价值的两个支柱之间的相互作用，建立这个概念的目的就在于确保以一致和可复制的方式来衡量海洋产业和海洋生态系统。

除了海洋经济衡量，还有一个鼓舞人心的概念，即从环境角度提出的可持续的海洋经济，不仅衡量两大海洋经济支柱历年的经济价值，而且还要确定和监测其交叉影响。这将涉及进一步制定相关环境指标，纳入更广泛的社会经济评估（例如追踪海洋污染对环境造成的压力）。衡量海洋经济有许多理由，无论是在国家、区域还是全球层面，人们都希望对海洋经济活动和海洋生态系统给予重视。在国际层面，通过了海洋和海洋资源可持续发展总目标 14 以及“爱知生物多样性目标”，为在定性和定量衡量方面取得进展提供了强有力的动力（专栏4.1）。追踪海洋经济对整体经济的贡献有可能提高公众对海洋重要性的认识，从而使人们更加了解经济活动中的投资机会以及需要采取诸多行动来解决的重大问题（例如促进循环经济发展）。

专栏4.1 衡量海洋经济价值的全球目标

联合国大会于2015年9月25日通过的17项可持续发展总目标中，可持续发展总目标14“保护和可持续利用海洋和海洋资源以促进可持续发展”是与海洋经济最相关的。可持续发展总目标14包含10个具体目标，重点是保护海洋环境。虽然可持续发展总目标14是一个宏伟的目标，但衡量实现各项具体目标的进展仍然是一项挑战。联合国建议的指标清单（UNSD，2018）尚未提供有效跟踪实现可持续发展总目标14进展的量化等级（Cormier and Elliott，2017）。在对经合组织可用数据集和指标进行的一项研究中，可持续发展总目标14只有一个具体目标满足至少一个指标，在所有可持续发展总目标中所占比例最低（OECD，2017）。建议对基于生态系统的综合管理方法给予更多的重视，作为对平衡海洋保护和资源开发需求的一种潜在的政策回应（ICSU，2017）。例如，对海洋保护区（MPA）的评估表明，它们既使获得保护的生态系统受益，又提高了从邻近海域中捕捞的水产品的价值（Chirico，McClanahan and Eklöf，2017）。此外，事实证明，将海洋保护区纳入全面实现的海洋空间计划，可以更广泛地管理海洋资源的使用，从而提高禁捕区的效力（Agardy，di Sciara and Christie，2011）。把空间规划和可持续发展议程联系起来，其他与海洋有关的研究则可侧重于海洋空间规划如何加强可持续发展目标之间的协同作用（Ntona and Morgera，2018）。所有这类分析的基本论点是，要实现核心发展目标，就必须对可持续发展总目标的经济、社会和环境要素进行可靠的衡量。国民账户体系被认为是提供所需数据的一种高度有组织的方式（WAVES，2016）。除可持续发展总目标外，《生物多样性公约》中的“2020年爱知生物多样性目标”明确指出，国民核算体系有可能为衡量实现国际目标的进展提供有用的数据。目标2指出，“最迟到2020年，生物多样性价值将纳入国家和地方发展与减贫战略及规划进程，并正在酌情纳入国民核算和报告系统中”（CBD，2011）。因此，可持续发展总目标显然是衡量海洋经济的另一个理由。

政策制定者可利用社会经济指标为保护和可持续利用海洋生态系统提供更具体的政策行动。实际上，在过去五年中，许多国家都加大了国家层面上衡量海洋经济的努力。这些努力的成果很可能用于各个领域的决策，进一步提高公民、政策制定者和业界对海洋经济的认识，最终使得政府的支持能够针对最有效的领域（见附件4A“国家和地区层级的海洋经济衡量”）。

此外，在实际治理方面，海洋产业和海洋生态系统的相互依存以及对海洋健康日益严重的威胁，使人们逐渐认识到海洋管理应以综合生态系统为基础（OECD，2016）。为此，经合组织提出了若干管理战略，包括海岸带综合管理（ICZM）、海洋空间规划（MSP）和海洋保护区（MPA）等框架。每个框架的关键都是拥有海洋经济活动、海洋生态系统以及两者之间的相互作用的准确而广泛的信息库。这种衡量以物理单位为核心，例如以面积（如平方千米）衡量的生态系统范围，评估生态系统的状况。如第4.4节所述，对广泛信息的需求与监测技术的进步和海洋观测的实际应用密切相关。在理想情况下，进一步完善海洋管理策略的步骤将包括定期评估采用的政策工具的有效性，尤其是在保护生物多样性方面（Karousakis，2018）。

最终，海洋经济数据应该在各个行业、不同地点和不同时间，从国际到国家到地方以及任何关键点都具有可比性。这些数据还应在理论上保持一致，反映经济活动计量的最新理论，且不应重复计算。最后，这些数据应是可重复使用的，且应公开方法，提供明确的解释。这种要求既适用于海洋产业数据，也适用于海洋生态系统数据。它们各自的经济衡量问题将在后面两节进行探讨。

4.2.2 衡量海洋经济活动

许多海洋经济测度方法的第一步都是确定海洋行业的范围，以便对经济活动进行分类。第二步是获取现有官方数据库和/或行业调查收集部分行业特定组织的数据，进行数据分析。在衡量海洋经济时，所有这些步骤都面临挑战。

各国海洋经济的涵盖范围差别很大。在某些国家，有些行业可能排除在海洋经济之外，而在其他国家则不然。此外，各国采用的分类标准和类别的描述也有很大差异。目前，尚无国际商定的海洋活动定义和统计术语。附件4B详细讨论了目前在国家层面对海洋经济进行衡量的方法。

作为《海洋经济 2030》经济展望的组成部分，经合组织对既有的和新兴的海洋活动进行了分类，同时也考虑了定义的重叠和传统海洋产业中变化强烈的新兴活动（表 4.2）。

表 4.2 部分海洋产业

传统产业	新兴产业
捕捞渔业	海水养殖业
水产品加工业	深海和超深海油气业
航运业	海上风电业
港口业	海洋可再生能源业
船舶修造业	海洋和海底采矿业
海洋油气业（浅海）	海上安全与监视业
海洋制造与建筑业	海洋生物技术业
海洋和滨海旅游业	高科技海洋产品与服务业
海洋商业服务业	
海洋研发与教育业	
疏浚业	

资料来源：《海洋经济 2030》（OECD，2016），http：//dx. doi. org/10. 1787/9789264251724-en。

苏格兰最新的海洋经济统计报告详细说明了通常用于衡量海洋经济的方法（Marine Scotland，2018）。苏格兰海洋经济由选定的十大海洋产业组成，每个产业均提供了总增加值（GVA）、营业额和就业估计值（表 4.3）。大多数行业的数据均来源于英国国家统计局通过国民核算对苏格兰企业进行的调查。关于渔业和水产养殖业的数据取自英国苏格兰海事局进行的详细调查，符合支持欧盟共同渔业政策的数据标准。

对海洋经济的衡量往往侧重于与海洋产业相关的直接影响。然而，海洋产业也可能产生更广泛的经济影响，政策制定者可能会对此感兴趣。

表 4.3　苏格兰海洋经济衡量

2016 年苏格兰十大海洋产业的总增加值、营业额和就业情况

海洋产业	总增加值（百万英镑）	营业额（百万英镑）	就业人数（千人）
捕捞渔业	296	571	4.8
水产养殖业	216	797	2.3
油气支持业	1 631	4 483	19.7
水产品加工业	391	1 602	7.6
造船业	202	1 001	7
建筑和水运服务业	422	672	4
水上客运业	63	168	1.4
水上货运业	65	178	0.5
水运设备租赁业	8	14	0.1
海洋旅游业	554	1 031	27.9
总计	3 849	10 517	75.3

注：大多数行业的数据来源于英国国家统计局进行的苏格兰年度商业调查（SABS）。渔业和水产养殖业的数据来自英国苏格兰海事局。

资料来源：苏格兰海洋经济统计（Marine Scotland，2018）。

当海洋产业需要向从事相关行业的企业提供产品和服务时，这种提供可能会产生间接影响。此外，政策制定者可能有兴趣了解海洋产业的员工通过其正常家庭支出方式从所有其他经济行业购买产品和服务时所产生的影响（所谓的“诱发”影响）。

了解经济行业更广泛的经济影响的过程称为经济影响评估。综合直接、间接和诱发的影响，可以估算出海洋产业对整体经济的总贡献。不过，估算间接和诱发影响是一项复杂的工作，这种分析仍然受到一致性和可比性的制约。由于缺乏适当的产业法规且海洋经济并未被囊括在国家数据集中，这类制约显得尤为复杂。

表 4.4 展示了英国海洋产业经济影响评估的结果。评估数据来自英国国民账户数据、政府和行业主导的调查以及行业报告等，为海洋产业对整体经济的贡献与价值提供了丰富的信息。快速浏览之后就能发现，2015 年英国海洋产业整

体提供了95.73万个岗位，创造了374亿英镑的全球总增加值。但是，这类评估的一个制约因素就是在很大程度上无法与其他国家的数据集进行比较。

表4.4 2015年英国海洋产业的经济影响

	直接影响	间接影响	诱发影响	综合影响
营业额（百万英镑）	40 038	29 564	22 289	91 891
总增加值（百万英镑）	14 465	12 438	10 501	37 404
就业人数（千人）*	185.7	434.8	336.8	957.3
员工薪酬	7 295	8 660	5 050	21 004

注：所衡量的行业是航运、港口、海运和海运相关商业部门，就业人数指全职就业人数。

资料来源：《英国海洋产业的经济贡献》（Cebr，2017）。

4.2.3 海洋生态系统评估

把对海洋环境可靠的生物物理评估转换为其他经济衡量的通用指标，并以货币形式表示海洋生态系统的价值，可以提高人们对海洋生态系统的认识，同时也可以更好地支持决策［参见世界自然基金会的努力（WWF，2015）］。以透明和循证的方式评估海洋生态系统可能有助于使生态系统与产业经济数据更具有可比性。

这些方法包括环境影响评价（EIA）或基于生态系统的管理办法，因为它们努力了解特定决策对海洋环境的影响，如果能增加经济衡量指标，这些办法可能会更加有效。至少在某些方面，价值评估确实有助于提高认识和改进决策，同时作出有针对性的政策反应。例如，在欧洲，通过将环境核算应用于海洋空间规划（Picone et al.，2017）和海洋保护区（Franzese et al.，2015；Franzese et al.，2017），使小规模可持续管理战略得以实现。尽管如此，由于人们需要对生态系统足够了解之后才能准确跟踪它们对人类福祉的影响，鉴于将环境数据转换为货币价值的过程相对复杂，这种做法依然遭受抨击（McCauley，2006；Schröter et al.，2014）。因此，价值评估只是及时分析海洋经济各支柱之间相互作用的要素之一（Vassallo et al.，2017）。

海洋生态系统评估方法的背景

自20世纪40年代以来，自然科学家就一直在研究生态系统（Lindeman，1942），但直到20世纪90年代末，才首次正式确立生态系统和人类福祉之间的联系（Daily，1997；Costanza et al.，1997）。数年后，“千年生态系统评估（MA）”制定了一个涵盖全球的评估框架，用于评估生态系统促进福祉的途径（MA，2005）。“千年生态系统评估”根据生态系统的生物、气候和社会特征的差异对生态系统进行分类（专栏4.2）。在列出的十种生态系统类型中，有两种类型与海洋经济最为相关：海洋生态系统（低于平均海平面50米以上）和海岸带生态系统（低于平均海平面50米至高于平均海平面50米之间，或内陆100千米范围的河口）。

专栏4.2 通过“千年生态系统评估”将生态系统服务价值概念化

“千年生态系统评估”将生态系统服务概念化为有形利益和无形利益，即“产品”或“服务”。人类获得的这些利益源于正常运作下的生态系统的特性。生态系统服务根据是否涉及供应、调节、文化或支持服务，再进一步分类。前三项服务直接影响人类，例如，我们吃的食物（供应）、我们呼吸的空气（调节）和我们看到的美丽海景（文化）。支持服务间接影响人类。之所以被称为支持服务，是因为该类服务为其他生态系统服务的产生提供了支持条件。

与生态系统服务相关的广泛经济价值体现在总经济价值（TEV）的概念上，总经济价值由四个关键部分组成。

- 直接使用价值：直接使用价值源自人类对生态系统的直接利用，无论是出于消耗性目的（减少可获得的数量，例如摄食水产品）还是非消耗性目的（不减少数量，例如在海里游泳）。许多供应服务，例如捕获的渔业资源，其直接价值是可以看得见的，因为产品是通过市场交易的，而市场价格是有记录的。供应服务只是生态系统服务的一部分，而许多调节服务和文化服务却没有通过市场机制定价。

- 间接使用价值：间接使用价值源自人类对生态系统的间接利用，当生态系统的功能产生积极的外部效应时或作为生产的中间因素时，这类价值得以产生（例如水产养殖渔业中天然、清洁的海水）。

- 备选价值：备选价值反映了人类保留选择权的重要性。尽管人类现在不利用这些价值，但可以保留这些价值以便在将来从生态系统服务中受益，或者避免将来可能遭受的损失。例如评估海洋在未来药物提供方面的潜力，虽然这些药物现在还没有被发现。

- 非使用价值：非使用价值与人类是否知道生态系统的存在有关，尽管人类从未直接利用该生态系统提供的服务。通常情况下会考虑三种非使用价值：遗赠价值（知道生态系统将为子孙后代而存在）、利他价值（知道他人将受益）和存在价值（仅仅知道生态系统的存在）。

生态系统服务的价值评估是对上述各类价值进行识别、量化和货币估值的过程。由于只有一小部分总经济价值可通过市场进行评估，生态系统服务价值评估的很大一部分涉及非市场价值评估方法。本章没有详细介绍非市场价值评估方法，但许多出版物解释了各种可用的非市场价值评估方法及其适用性（Hanley and Baibier，2010）。

在向政策制定者传达生态系统服务的价值方面，定性方法并非无效；健康的海洋生态系统带来的利益在全球范围内得到越来越多的认可，并已纳入许多国际事项中，如上文所述的联合国可持续发展总目标 14（UN，2015）。然而，对海洋生态系统服务价值的定性认识并不能使用相同的衡量单位来分析海洋经济的两个支柱之间的相互作用。自“千年生态系统评估”以来，研究人员已经开展了许多有关海洋生态系统评估的研究，并且可以采用各种定量和定性方法（OECD，2018）。

美国蒙特雷米德尔伯里国际问题研究所（又称明德大学蒙特雷国际研究学院）的美国国家海洋经济计划（NOEP）维持着海洋和海岸带生态系统非市场价值评估的数据库（NOEP，2017）。Torres 和 Hanley 在该数据库调查了 2000—2015 年期间出版的估值文献（见表 4.5），其中大多数文件都综述了与海岸带有关的价值评估，而非海洋生态系统服务（Torres and Hanley，2016）。两位作者将重点放在评估文化服务上，特别是娱乐文化服务方面。这也许是因为评估研究人员对海岸带生态系统越来越“熟悉”，且与海岸带生态系统相关的娱乐商机逐渐增多。

表 4.5 在同行评审期刊上发表的与海洋和海岸带生态系统服务价值评估相关的论文数量（2000—2015 年）

生态系统类型	论文数量
海岸带生态系统	**100**
湿地	30
沙滩	40
海岸带地区	8
内陆和过渡水域	22
海洋生态系统	**86**
海岸带水域	37
珊瑚礁	11
深海	2
海洋保护区	36
海岸带和海洋生态系统	**10**
总计	**196**

资料来源：《关于沿海和海洋生态系统服务经济价值评估的交流研究》（Torres and Hanley，2017），http：//dx. doi. Org/I0. 1016/J. MARPOL. 20I6. 10. 017。

尽管越来越多的研究力图对生态系统服务进行可靠的价值评估，但有证据表明，对生态系统服务价值评估的有效性的怀疑普遍影响着政策的制定（Rivero and Villasante，2016），这一结论可能也适用于海洋和海岸带政策（Torres and Hanley，2017）。尽管最近在海洋生态系统服务的量化方法上取得了进展，但在获得关于其全部价值的数据之前，还需要增加大量的研究（Pendleton et al.，2016）。鉴于这些不确定性，研究人员已经努力评估了生态系统服务并在政策制定和国家层面上测算其价值。下文对部分努力进行了综述。

国家层面的海洋生态系统评估

自从“千年生态系统评估”为评估生态系统服务及其价值提供了基本框架以来，又出现了若干其他方法。这些方法包括生态系统和生物多样性经济学

(TEEB)(TEEB，2010)，政府间生物多样性和生态系统服务科学政策平台(IPBES)(Diaz et al.，2015)。尽管每种方法的侧重点略有不同，但所有方法都提供了概念框架，包括通过对生态系统服务进行价值评估来了解生态系统及其对人类福祉的贡献。

遵循这个途径，并受到诸如“千年生态系统评估”等全球性评估的启发，一些国家开始通过国家生态系统评估深入认知其生态系统服务。例如，欧洲生态系统及其服务的认知已从《欧盟生物多样性战略2020》(以下简称《战略》)中受益。《战略》的目标2行动5指出，“到2014年，成员国将在欧盟委员会的协助下，绘制和评估本国境内生态系统及其服务的状况，评估这些服务的经济价值。到2020年，成员国需将这些价值纳入欧盟和国家层面的核算和报告系统”。

为回应《战略》提出的行动，法国于2018年完成了最新一轮国家层面的评估。题为“法国生态系统和生态系统服务评估”的大型研究报告对包括海洋和海岸带生态系统在内的六类生态系统进行了评估(Government of France，2018)。

国家生态系统评估是一项复杂的工作，每项评估都需要大量资源和数十名(甚至数百名)报告作者。所采用的方法取决于具体目标，而且往往会使用一系列框架(表4.6)。对生态系统服务进行货币价值评估并不总会被列为优先事项。在欧盟成员国于2016年之前进行的八次国家生态系统评估中，有四项评估将“生态系统服务的社会和经济价值评估”列为主要目标，另有四项旨在“探索和产生适应性概念、方法和指标以对生态系统服务进行价值评估”(Schröter et al.，2016)。国家生态系统评估在宣传生态系统服务的利益方面发挥着重要作用，而价值评估也可以成为其中有用的组成部分。有证据表明，价值评估对地方、国家、区域和国际各级政策的制定都产生了影响(Wilson et al.，2014)。然而，除法国生态系统和生态系统服务评估外，迄今开展的许多评估的重点都偏向陆地生态系统，而非海洋生态系统(Brouwer et al.，2013)。这表明在国家层面，对海洋生态系统服务及其价值的认知方面仍存在空白，在某些情况下，这种空白已通过替代结构得到填补。

表 4.6 欧盟成员国在 2016 年之前开展的国家生态系统评估以及与生态系统服务价值评估有关的目标

国家	年份	名称	目标	
			价值评估	价值评估方法
葡萄牙	2009	生态系统与人类福祉：“千年生态系统评估”中葡萄牙的评估		
英国	2011	英国国家生态系统评估	X	
西班牙	2012 2014	生态系统和生物多样性促进人类福祉：西班牙国家生态系统评估	X	
挪威	2013	自然的恩赐：论生态系统服务的价值		X
佛兰德斯	2014	自然报告：佛兰德斯生态系统与生态系统服务的现状与趋势	X	
荷兰	2014	自然服务指标		X
芬兰	2015	迈向可持续和真正的绿色经济：芬兰生态系统服务的价值和社会意义（芬兰生态系统和生物多样性经济学）	X	X
德国	2015	关于制定国家生态系统服务指标的建议		X

资料来源：改编自《欧洲国家生态系统评估综述》（Schröter et al.，2016），http：//dx. doi. org/10-I093/biosci/biwl01。

Norton 等提供了一个在国家生态系统评估以外评估国家生态系统服务的例子（Norton，Hynes and Boyd，2018）。表 4.7 详细列出了作者代表爱尔兰环境保护部开展的爱尔兰海洋生态系统服务价值评估的结果。为了在现有时间和资源的情况下得出国家层面的估算情况，作者主要利用辅助资源，在估算时采用了市场和非市场价值评估方法。然而，生态系统服务清单并没有完全涵盖爱尔兰海洋环境的生态系统服务，许多文化价值都被排除在外。

表 4.7 爱尔兰沿海和海洋生态系统服务效益的价值

生态系统服务（ES）	生态系统服务每年的价值（欧元）
近海捕捞渔业	472 542 000
近岸捕捞渔业	42 113 000
水产养殖业	148 769 000

续表

生态系统服务（ES）	生态系统服务每年的价值（欧元）
藻类/海藻采收	3 914 000
废物处理服务	316 767 000
海岸防护	11 500 000
气候调节	818 700 000
娱乐服务	1 683 590 000
科教服务	11 500 000
美学服务	68 000 000

资料来源：《爱尔兰海岸带、海洋和河口生态系统服务评估》（Norton，Hynes and Boyd，2018）。

4.2.4 挑战总结

虽然最近取得了一些进展，但在对海洋经济进行可靠衡量方面仍然存在一些重大挑战。许多国家的报告已说明在确定相关行业方面存在困难，导致在对更广泛来源的数据进行分类方面出现了问题。由于缺乏具体的海洋行业分类，相关方别无选择，只能使用次优的方法估算价值。这就产生了近似值，而这种近似值在国际上是无法进行比较的。此外，为填补数据缺口而开展的特别调查，则存在调查时间不一致及其他不一致问题。在实现可靠衡量方面，是否愿意为长期数据收集提供资金，尤其是通过中央统计机构提供资金，也许是面临的最重大挑战之一。尽管存在这些挑战：

• 鉴于数十年来对其他形式的经济活动（包括在海洋经济领域的活动）进行评估的经验，海洋产业的可靠衡量并非遥不可及。

• 另一方面，在衡量海洋经济的生态系统的同时，也要努力从根本上改变各国通过自然资本核算方案衡量其经济的方式。尽管参与评估生态系统服务的各方做出了最大努力，但这仍然是一个只有相对较少的政策制定者会接触的利基主题，特别是在海洋环境方面。这可以解释为什么对海洋和海岸带地区进行国家生态系统评价研究的例子仍然相对较少。人们对深海生态系统服务的价值评估问题的关注甚至更少。如果要实现既衡量行业又衡量环境的海洋经济卫星账户，就必须为海洋生态系统评估提供长期的资金支持。

- 除国家生态系统评估外，海洋生态系统服务的价值评估往往侧重于评估与不断变化的生态系统有关的福利影响。这种价值评估是由法律和/或学术探索推动的，法律要求评估与发展有关的环境成本。虽然通常可以评估沿海国专属经济区（EEZ）内的至少部分海洋生态系统服务，但其复杂性使得开展全面评估变得困难且资源变得紧张。由于这一原因以及本章探讨的诸多其他原因，评估的范围往往会受到地理因素和/或所研究的生态系统服务的数量和类型的限制。因此，通常从某国的特定水域中选择少量的海洋生态系统服务进行评估。

4.3 海洋经济与国民账户体系的联系

国民经济（无论是公共部门还是私营部门）都要求采用一种有条理且具有国际可比性的办法来衡量海洋经济。在其他经济活动领域，连接国民账户框架有助于改善社会经济数据，使之具有可比性、一致性和可复制性。可以借鉴这些领域的经验教训，采取措施改进海洋经济的衡量方式，例如世界上许多国家建立了专用卫星账户，其目的是监测医疗保健支出、环境状况，甚至旅游业发展等。

以下各节将介绍国民账户体系，并提出论据，支持通过卫星账户收集海洋经济数据，并与学术界和国家行政部门过去和现在正在进行的其他努力联系起来［参见（Colgan，2007；Kildow and McIlgorm，2010；Mcilgorm，2016）］。

4.3.1 什么是国民账户？

国民账户是以系统的方式收集国内经济活动数据，描述经济的主要手段。核心国民账户包含通常由各国政府指定的机构（如国家统计部门和中央银行）编制的经济统计数据。

下述两个框架规定了编制国民账户的国际标准。《2008 国民账户体系》（2008 SNA）是全球公认的参考手册，由联合国、欧盟委员会、国际货币基金组织、经合组织和世界银行联合出版发行。《2008 国民账户体系》指导各国统计部门建立国民核算数据库，并为报告经济统计数据提供了框架。在欧洲，欧盟成员国在法律上有义务实施欧洲国民账户体系（ESA 2010），除了一些少数的例外情况，此体系与全球体系完全兼容。

若国民账户按时间序列连续编制，则能够提供揭示经济主体行为的信息流。

在理想情况下，应定期（至少每年）收集用于编制国民账户的数据。收集的数据越有规律，国民账户就越能够通过观察时间序列提供最新的经济表现。这种时间序列将用于经济政策分析，并构成经济预测的基础。收集的数据还可以通过计量经济学建模来评估因果关系；公共和私人组织以及各级政府的决策都采用这种做法（典型案例见专栏4.3）。最后，国民账户为使用共同标准比较各国经济表现提供了数据资源（条件是参与比较的国家的做法符合《2008国民账户体系》所述框架）。

专栏4.3 海洋经济供给和使用表及投入产出表一览

为一目了然地按行业领域和产品组检查给定国家或地区中产品和服务的生产和使用，在国民核算中使用了两个相互联系的统计表：供给和使用表（SUT）及由此产生的投入产出表（I-O）。

供给和使用表对于确保从各种来源收集的数据保持连贯性至关重要，可以实现对国内生产总值（GDP）的准确衡量（OECD，2017）。供给表载有每种产品的供给总量，该供给总量是通过记录各行业的国内产量加上进口量计算得出的。使用表通过记录各行业的中间消耗（作为其他产品和服务生产的投入产品）、最终消耗（按家庭和政府）、固定资本形成总额或投资（包括库存变化）和出口，收集每种产品的总需求或使用情况。在供给和使用表中，各栏按国际标准行业分类排序，各行按产品排序，根据联合国中央产品分类（CPC）等系统以数字代码标记。

其次，投入产出表清楚地表明行业之间的相互联系。投入产出表是根据供给和使用表创建的，因此如果某个行业没有出现在供给和使用表中（就像大多数涉海行业一样），那么就不会出现在该投入产出表上。此外，投入产出表并非总是由国家统计部门编制。通常，分析人员必须创建自己的投入产出表，所以会出现不具有可比性和不一致性的问题。然而，许多国家已将这些表格用作间接衡量海洋产业和诱发影响的基础。间接衡量海洋产业和诱发影响有多种方法，包括通过估算投入产出“倍数”和其他更复杂的计量经济模型技术。

作为海洋经济的最新例证，Grealis 等利用投入产出表估计爱尔兰达到水产养殖扩大目标所带来的直接和间接经济影响（Grealis et al.，2017）。Lee 等通过投入产出表分析探讨了捕捞渔业和水产养殖业之间的相互依存关系，并发现了一些有趣的结果。例如，从每单位美元投资产生的就业影响来看，水产养殖业的影响要大于捕捞业（Lee and Yoo，2014）。

《2008 国民账户体系》旨在通过 GDP、增加值和就业等关键指标衡量经济活动。因环境资产收获而产生的收入流也包括在内，作为对此类措施的贡献。这意味着标准的国民账户体系框架能够统计环境商品，如捕获的渔业资源或开采的能源资源等。但这些商品仅仅是来自海洋环境的产品和服务的两个例子。总的来说，环境产品和服务在许多海洋经济体中占有相当大的比例。但是，通过开发环境资源而产生的收入并不包括这类“收入”导致的环境资源的消耗或退化。为了更全面地核算环境存量和流量，必须扩大国民账户体系的基本结构，涵盖更广泛的影响，如经济活动对环境资产和生态系统服务价值的影响。

在这种情况下，国民核算体系的特点之一是可以对其加以修改或扩展，以涵盖对国家有益的特定主题。按照这种方式创建的账户称为卫星账户。卫星账户提供了健全的框架，用于监测和分析国家经济的各个方面，而这些方面在核心国民账户中未详细显示。为了保持一致性，卫星账户的形成通常采用核心国民核算体系的基本概念和核算规则。

专栏 4.4　经合组织研讨会：评估海洋经济的新方法

作为“创新与海洋经济”工作计划的一部分，经合组织科学、技术与创新部海洋经济小组与美国蒙特雷米德尔伯里国际问题研究所蓝色经济研究中心（CBE）合作，举办了一场主题为“评估海洋经济的新方法”的研讨会。研讨会于 2017 年 11 月 22—23 日在巴黎经合组织总部举行，旨在分享各个国家和国际间海洋经济衡量的进展情况。来自政府、业界、学术界和国际组织的约 60 名代表出席了这次研讨会。这次会议是蓝色经济研究中心举办的国民账户系列海洋研讨会中的第三次会议。第一次研讨会于 2015 年 10 月在美国加利福尼亚州举行，第二次研讨会于 2016 年 11 月在中国天津举行。附件 4B 简要介绍了所提出的方法和讨论过的限制因素。

任何领域只要具有足够的利益，就可以编制该领域的卫星账户。经合组织内常见的卫星账户与卫生、旅游和环境问题有关。卫星账户在更广泛领域使用的例子比比皆是。例如，法国为住房、卫生、社会福利、国防、教育、研究和环境等领域编制了卫星账户（OECD，2014）。每个账户均由国家统计系统的相关机构编制。卫生账户由法国卫生部统计处负责，而法国环境研究院负责编制环境经济账户。海洋经济卫星账户的建立工作可以按照相同的做法，由涉海机构与统计主管部门合作管理。

一般来说，有两种类型的卫星账户。

- “关键领域账户”。在《2008国民账户体系》中，各行业按其在各自类别中的顺序列报。不过，涵盖多个行业的特定利益领域，也可以汇总列报。例如，如果有兴趣了解高科技制造业领域的经济绩效，那么就只汇总涉及高科技制造业行业的数据即可。通常情况下，这项工作只会在个别特别重要的经济领域进行。因此，这类卫星账户称为“关键领域账户”。因此，关键领域的数据就可以在更宏观的、包含所有其他行业汇总数据的国民账户内获得评估。如果不是因为许多海洋活动在目前的产业分类中没有得到承认，则海洋经济关键领域账户早已建立。因此，以目前的分类为基础的海洋关键领域账户将遗漏许多重要活动的经济贡献，所以目前需要建立一种更灵活的卫星账户，如下文所述。

- “更宏观的账户包括了国民账户体系中未体现的利益”。国际统计界已经进一步制定了准则，其中计算了未包含在核心国民账户中的影响、产品和服务。与“关键领域账户”相比，这类卫星账户具有更大的灵活性，可以包括在衡量经济总量时遗漏的重要数据，例如国民账户和环境信息常用调查之外收集的数据。2012年环境与经济综合核算体系—中心框架（SEEA中心框架）是国际公认的标准，适用于以实物和货币形式衡量环境存量和流量。而环境与经济综合核算体系—试验性生态系统核算（SEEA-EEA）是用于生态系统服务核算概念的框架。由于该框架尚处于试验状态，尚未被认定为国际标准。

4.3.2 重视海洋环境核算方法

联合国统计委员会于2012年3月通过了环境与经济综合核算体系—中心框架。作为国际标准，该框架概述了官方环境经济账户的主要核算要求。

《2008国民账户体系》核心中涵盖了生产过程中（例如捕捞和出售水产品时）环境存量的流量带来的收入，而SEEA中心框架对核算框架进行了扩展，包括了涉及生物物理性质的环境问题（表4.8）。SEEA 中心框架为开发这类账户提供了指导方针，同时遵循了《2008 国民账户体系》中概述的原则，从而保持了兼容性。仍然很少有账户已经囊括与海洋环境相关的全部存量和流量。下文概述了新西兰渔场渔业资源环境经济核算的实例（专栏4.5）。

表4.8 SEEA 中心框架中详述的账户和环境资产

账户类型	衡量形式	表格
实物的自然投入、产品和残余	仅实物形式	能源 材料 淡水 空气排放 废水 固体废物
环境资产存量（生物和非生物）	实物和货币	矿产和能源资源 土壤资源 木材资源 淡水资源 土地
与环境有关的经济活动	仅货币形式	环境保护支出 资源管理支出 环境商品和服务提供 环境税和补贴

资料来源：《2012 年环境与经济综合核算体系：中心框架》（UN SEEA，2012）。

SEEA 中心框架的重点是单个环境资产的存量以及在经济活动中从这些环境资产中流出（即投入）和流入它们（即残余）的实物，从而将每个单独的环境资产都视为与其他资产相分离。但在现实中，相似空间内的环境资产只有通过生态系统才能相互作用。生态系统服务也只有在与各个环境资产共同发挥作用的情况下才存在，才能为人类带来诸多利益。与单个环境资产类似，生态系统也可能因经济活动而退化，进而限制其提供生态系统服务的能力。

为了说明生态系统对人类福祉的贡献，人们对 SEEA 中心框架加以扩展，形成了 SEEA 试验性生态系统核算（SEEA-EEA）。SEEA-EEA 框架详细说明了如何以实物和货币的方式解释生态系统资产及其供应、调节和文化服务。由于很多服务不是通过市场交换的，所以几乎不具有有形价值。因此，需要以实物形式提供的信息来估算任何一种服务的货币形式的价值。例如，某海域可以通过水产养殖提供供应服务，同时也可提供娱乐服务（专栏 4.5）。

专栏 4.5　海洋环境经济账户体系实例：新西兰的渔业和海洋经济核算

新西兰国家统计部门——新西兰统计局于 2018 年发布了一系列环境经济账户，其中包含截至 2016 年的数据（Stats NZ，2018）。发布的具体账户包括土地覆盖物、木材和水的实际存量、温室气体排放的实际流量，以及环境税和环保支出。发布内容还详细说明了新西兰渔业资源的货币价值以及按国内生产总值和就业率计算的海洋经济估算结果。

新西兰将海洋经济定义为发生在海洋环境中或利用海洋环境进行的经济活动，或生产这些活动所必需的产品和服务，或对国民经济作出直接贡献的经济活动的总和。衡量海洋经济的“环境活动”账户详细说明了九种海洋产业的国内生产总值和就业率：海洋矿产业、捕捞渔业和水产养殖业、航运业、政府和国防业、海洋旅游和娱乐业、海洋服务业、研究和教育业、制造业及海上工程建设业。海洋经济账户开发的数据提出了一些与政策相关的见解，例如，“新西兰国内生产总值为 2 550 亿美元，其中海洋经济为国民经济贡献了 36 亿新西兰元，占国内生产总值的 1.4%。虽然 2007—2016 年间新西兰国内生产总值增长了近 33%，但海洋经济占国内生产总值的比例稳定在 2%左右，近年来略有下降”。

新西兰统计局发布的配套纲要文件《资源与方法》，描述了许多挑战，与本章概述相同（Stats N Z，2018）。另一方面，业务账户也采用环境经济账户体系中心框架作为其指导性参照账户。渔业账户显示了新西兰商业、非水产养殖产品的总资产价值趋势，其中渔业资源按物种细分。货币估算是根据通过捕捞配额制度记录的经济数据进行的。渔业账户显示，2016 年新西兰商业渔业资源的总价值为 72 亿新西兰元，排名前 20 位的物种占该价值的 91%。

现已开发了若干个类别系统，以确定、标记和区分由生态系统资产产生的生态系统服务的范围。其中一些已在上一节中叙述，包括："千年生态系统评估"（MA，2005）、生态系统和生物多样性经济学（TEEB）（TEEB，2010）、生态系统服务国际通用分类体系（CICES）（Haines-Young and Potschin，2018）。CICES 是专门为 SEEA 试验性生态系统核算准则提供生态系统分类而开发的，是用于核算的最适当的分类系统。它还被更广泛地应用于不一定与生态系统核算有关的领域（Haines-Young，Potschin-Young and Czucz，2018）。尽管如此，生态系统服务的分类特别复杂，在消除重复计算之前可能需要进一步研究（La Notte et al.，2017）。最后，CICES 可能需要进一步完善，才能完全适合于海洋生态系统服务的分类（Haines-Young，Potschin-Young and Czucz，2018；Liquete et al.，2013），特别是在深海区域（Armstrong et al.，2012）。

更广泛地说，SEEA 中心框架和试验性生态系统核算（EEA）中详述的现有账户适用于许多陆地生态系统和某些淡水水体，但不适用于海洋生态系统。这方面的关键问题之一是如何处理海洋生态系统的空间边界，以便确定从海洋生态系统流出的特定生态系统服务。然而，现行 SEEA 准则的重点是衡量陆地生态系统，因为在这些生态系统中，非生物体往往不会移动，大多数生物体移动得也不远（候鸟除外）。然而，海洋的相互连通性使得海水及其内容物可以移动相当远的距离。此外，海洋比陆地大得多，在水体的每一部分都有不同的生态系统（与陆地不同，陆地上只有少数生物能够离开陆地表面），而且专属经济区内外的海图绘制得也不是很好。因此，海洋生态系统的空间界限不像陆地生态系统那样严格。

专栏 4.6　海洋环境试验性生态系统核算实例：澳大利亚大堡礁试验性生态账户

在收集经济活动和其他相关主题的统计数据时，澳大利亚统计局（ABS）在至少二十多年间已经编制了各种类型的环境经济账户，其中重点领域之一就是大堡礁。大堡礁是地球上最大的珊瑚礁生态系统，或许也是世界上最著名的海洋生态系统。最近，澳大利亚统计局在大堡礁海洋公园开展了越来越多的科学研究，将环境和宏观经济指标联系起来。这些研究的结果是根据环境经济账户体系-试验性生态系统核算（SEEA-EEA）为大堡礁建立了试验性生态系统账户（ABS，2015；ABS，2017）。

澳大利亚统计局使用 SEEA 编制了多个账户，用于衡量环境资产、净财富、收入和资源消耗、资源利用的环境强度以及与环境活动有关的生产、就业和支出。迄今为止，澳大利亚统计局已经编制了两个版本的试验性生态系统账户。2015 年 4 月，澳大利亚统计局发布了《信息文件：大堡礁地区的实验性生态系统账户》。2017 年，澳大利亚统计局的出版物又扩大了 2015 年文件的范围，为研究更广泛的环境经济问题提供了信息。选择这些问题是为了增加统计数据的公共价值，明显提高政策制定者发现环境资产变化所产生的经济问题的能力，证明符合 SEEA 要求的环境经济（包括生态系统）账户为政策规划提供信息的持续能力。这方面的好处主要表现在 SEEA 框架能够与按照联合国国民账户体系（《2008 国民账户体系》）详细说明经济活动的核心国民账户保持一致。

尽管海洋环境评估存在这些困难，但仍不断取得进展。目前，人们正在首次按照不同的生态系统单元绘制全球海洋地图，这表明有可能根据物理和化学性质将海洋空间按照大比例进行划分（Sayre et al.，2017）。此外，人们已开始在多个方面做出努力，以缩小会计界对陆地生态系统和海洋生态系统的覆盖范围之间的核算差距。在 SEEA-EEA 目前的修订进程中，侧重点已部分转向为海洋生态系统的描述和分类提供指导（UN SEEA，2018）。在区域层面，联合国亚太经济社会委员会（ESACP）为鼓励国际统计界在海洋生态系统核算的统计标准方面取得进展起到了推动作用（UN SEEA，2018）。上述举措将大大有助于发展衡量海洋生态系统账户。

4.3.3 推进海洋经济卫星账户

卫星账户提供了一个组织框架，用于监测和呈现各个经济领域之间随着时间的推移所产生的经济数据和与更广泛的宏观经济框架相一致的经济数据（van de Ven，2017）。同时，卫星账户还使人们能够进行大量的信息分析，以了解该领域对所有其他领域的影响和促进作用。

采用符合适用核算准则的海洋经济卫星账户，将为应对上述挑战提供一种有组织的方法。此外，国际准则的建立，如《2008 国民账户体系》和环境与经济综合核算体系—中心框架及相关扩展等，意味着在国际范围内可以实现海洋经济价值的可比性衡量。如果有足够数量的国家建立了海洋经济卫星账户，那么国际海洋治理就有可能得到加强。

在国家层面建立海洋经济卫星账户已经有很好的例子可以借鉴。葡萄牙海洋卫星账户是建立海洋产业账户的初步尝试，能够更广泛地符合国民账户的国际准则，由海洋专家和国家统计部门共同承担责任（专栏 4.7）。为供国际社会使用，建立账户期间遇到的问题已在一份方法学报告中公布（Portugal and DGMP，2016）。新西兰海洋经济“环境活动”账户和配套的方法说明均是有益的例子（Stats NZ，2018a；Stats NZ，2018b）。美国的《经济学：国家海洋观察》数据库也是一个有益的例子。该数据库可供大众广泛使用（NOAA，2018）。

专栏 4.7　海洋经济卫星账户示例：葡萄牙海洋卫星账户

葡萄牙政府于 2016 年 5 月完成了为海洋产业建立卫星账户的最全面尝试（Portugal and DGMP，2016）。“海洋卫星账户（SAS）”试点项目需要国家统计部门——葡萄牙统计局和欧盟海洋政策总司进行合作。通过合作，葡萄牙统计局的统计能力与欧盟海洋政策总司对海洋经济的了解保持一致。海洋卫星账户是葡萄牙国民账户衡量海洋经济的第一次尝试，也是目前唯一一个正式的海洋经济卫星账户的示例。

人们认为，海洋卫星账户是评估海洋经济对整个经济贡献的最合适的工具。海洋卫星账户使用与核心国民账户（活动、分类、居住标准和核算规则）相同的核算原则编制，符合欧洲账户体系（ESA 2010）设定的标准，因此与 2008 年国民账户体系兼容。海洋卫星账户的目标是收集经济数据，这些数据将：

- 支持协调海洋公共政策的决策；
- 监测《国家海洋战略 2013—2020》中的经济部分；及
- 在需要海洋经济数据的情况下，为《综合性海洋政策》和其他进程提供可靠的信息。

在对葡萄牙海洋经济进行价值链分析后，确定了九组活动：捕捞渔业、水产养殖业、水产品加工、批发和零售业；非生物资源业；港口业、运输和物流业；娱乐、体育、文化和旅游业；船舶建造、维护和修理业；海上设备业务；基础设施和海洋工程业；海上服务业；以及海洋的新用途和新资源业。然后建立了2010—2013年的供给和使用表，产出了许多变量，包括产出、总增加值、员工薪酬和就业率等。

海洋卫星账户的结果表明，葡萄牙海洋经济由大约6万家企业组成。2010—2013年期间，这些企业的活动平均占全球总增加值的3.1%，占总体经济就业率的3.6%。员工平均薪酬比全国平均水平高出约3%。虽然国民经济的总增加值累计减少了5.4%，就业率降低了10%，但在海洋卫星账户上体现的海洋产业的全球总增加值增长了2.1%，而就业率仅降低了3.4%。这表明，2010—2013年间，海洋经济的表现优于整体经济。

根据海洋卫星账户产生的信息已在多种政策环境中使用，包括海洋空间规划。这些数据还被用来评估葡萄牙在遵守欧盟出台的海洋环境保护条例方面的状况。目前已经制定了若干指标，包括旨在衡量葡萄牙在实现《2030年可持续发展议程》下各项总目标方面所取得进展的指标。葡萄牙正在继续改进海洋卫星账户的区域分类，以便利用统计数据支持多个层级的决策。

对于希望发展海洋经济卫星账户核算的国家来说，有必要建立一个框架。经合组织统计和数据局的国民账户司已经为希望参与建立行业卫星账户的专家制定了指南。专栏4.8中概述的十个步骤为建立任何类型的卫星账户提供了方法。将下文概述的步骤与上文所述的限制相互参照，表明国际社会离正式确定海洋经济卫星账户还有一段路要走，但可以取得进展。

专栏4.8　编制卫星账户的十个主要步骤

1. 确定和编制所需的经济活动（行业）细分数据。
2. 确定和编制所需的产品细分数据。
3. 进一步细分扣除产品补贴后的税收。
4. 确定和编制增加值组成成分所需的细分数据。
5. 利用企业内部提供的服务（如内部运输）扩大生产边界。
6. 利用家庭提供的私人服务扩展生产范围（如相关）。
7. 确定和编制与就业相关的更多详细数据信息。

8. 定义和汇总数据，以获取有关投资和资本存量的更多详细信息，并在可能的情况下扩大资产范围（例如渔业资源、生态系统）。

9. 通过实际表现和/或结果指标补充供给和使用表。

10. 通过其他相关的实际指标补充供给和使用表。

资料来源：《在“衡量海洋经济的新方法”研讨会上的发言》（van de Ven，2017）。

虽然制定海洋经济卫星账户国际统计准则很可能是所有海洋经济衡量参与国的最终目标，但在实现这一目标之前，经合组织将继续协助各国以健全和具有国际可比性的方式确定和衡量其海洋经济。同时，那些希望通过国民核算体系衡量海洋经济的国家可考虑以下四项建议：

（1）许多国家已经开始直接或通过行业主导的调查收集海洋经济相关数据。这些研究代表了未来会计核算方法的良好开端。第一项建议是继续支持在国民核算体系方面让所有人作出努力，并确保所采用的结果和方法是公开的。在一国内收集尽可能多的海洋经济数据，将为建立更正式的海洋卫星账户提供有价值的基准。

（2）对于现行核算体系中缺失的海洋产业，要得出符合核算价值的数据，就需要在定义、详尽性和时间一致性方面进行一系列调整（van de Ven，2017）。几乎可以肯定，这一进程需要海洋经济方面的专业知识（关于数据类型和数据检索渠道的知识）和国民账户方面的专业知识，以确保数据符合国际准则规定的标准。因此，这方面的第二项建议是为海洋经济专家提供资源，让他们与国民会计师合作，为国家试验性卫星账户的设立奠定基础。

（3）与此同时，各国可以继续就通用海洋经济基本定义开展国际合作（例如在经合组织研讨会的框架内开展工作），以弥合当前估算数与适合今后纳入国民账户的数值之间的差距。尽管目前的分类制度存在缺陷，但在国际层面上还可以采取其他步骤来协助这一领域的工作。从根本上来说，需要进行行业分类，要涵盖所有海洋活动，并区分陆上行业和海洋行业。如果有足够多的国家支持这项倡议，可在联合国对国际标准行业分类的下一轮修订时考虑。

（4）尽管本章建议在将海洋生态系统账户添加到海洋经济卫星账户之前需要取得很大进展，但重要的是不要忽视目前生态系统账户开展的实验。澳大利亚大堡礁的例子为今后的努力提供了一个很好的测试平台，任何希望开始按照

SEEA 进行海洋生态系统服务核算的组织都应研究公开提供的信息。在国际上，更多的试验工作（最重要的是，与尽可能广泛的受众分享这方面的经验）将有益于完善国际核算准则和生态系统服务分类的进程。同时，并非所有生态系统服务价值评估方法都与国民核算框架兼容。因此，希望过渡到包括海洋生态系统服务的海洋账户的政策制定者，应优先考虑基于交换价值的价值评估。最后，应着重对有形生态系统账户的生态系统覆盖范围进行基线估计，因为这类研究很可能是为海洋生态系统开发具有代表性的海洋经济卫星账户迈出的第一步。

4.4 量化持续海洋观测对海洋经济的贡献

为了更好地了解海洋、海洋动态及其在地球和气候系统中的作用，在地方、区域、国家和国际各级都建立了复杂的海洋观测系统，其中包括许多类型的物理、化学、生物地球化学和生物数据，而且大多数归类为基本海洋变量（GOOS，2018）。这些观测结果对于不同的科学界以及活跃于海洋经济中的众多公共和商业用户而言至关重要（OECD，2016）。但是，发展和维持海洋观测需要公众的大力支持。与所有其他公共投资一样，对持续的海洋观测所产生的相关成本和收益进行全面评估，有助于理解其对社会的价值。

经合组织与国际研究界和许多利益相关者合作，利用其对海洋经济的评估经验来研究持续开展海洋观测的经济价值。这项研究的核心是对 90 多篇关于海洋观测价值评估的论文进行全面审议和综述。研究结果揭示了目前对海洋观测的经济价值的了解程度，侧重公共资助的观测，并为这一领域的未来研究指明了前进的道路。关于这项研究的更多细节可查阅经合组织政策文件（OECD，2019）。

4.4.1 科学在海洋观测中的关键作用

科学仍然是大多数海洋观测的重要推动力，并直接或通过科学提供的关键时间序列数据来推动有关海洋、天气和气候的基础知识的发展。这些时间序列数据也被用来驱动、校准和验证海洋、大气和气候的模型。海洋观测还有助于描述和预测海洋状况、海洋天气、气候和海洋生态系统的发展，以便支持地方、区域、国家、跨国和全球各级的科学研究、海洋服务和政治决策。观测系统包括固定平台、自主和漂流系统、潜水平台、海上船舶以及卫星和飞机等远程观测系统，利用日益高效的技术和仪器采集、存储、传输和处理大量海洋观测数据。

根据政府间海洋学委员会的说法（图 4.1），科学界是提供海洋观测数据、产品和服务的数据中心，是最重要的终端用户之一（约占 80%的比例）。2016 年，在国际海洋数据与信息交换委员会海洋学方案的框架内，对数据管理、海洋信息管理和关联数据单元联络点的国家协调员进行了调查。普通大众也代表着最上层的用户类别。然而，在国家或区域层级没有详细的数据集可以用于掌握海洋观测数据用户在数量、学科、观测数据使用频率和开展的活动方面的演变情况（例如，针对研究人员，依靠连续数据时间序列进行的专项研究或长期评估）（IOC，2017）。

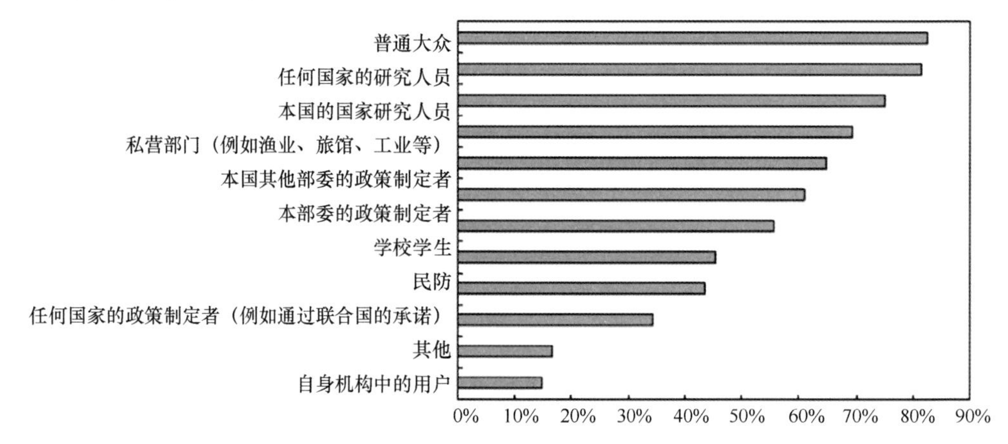

图 4.1 海洋学数据中心提供海洋观测数据、产品或服务的用户

资料来源：《全球海洋科学报告：全球海洋科学现状》（IOC，2017），联合国教科文组织/政府间海洋学委员会，巴黎。

与科学进步有关的诸多利益并不容易与经济价值相关联，部分原因是它们不流经市场，本身也不产生经济利益。由于这个原因，文献常常认为海洋观测数据是一种公共财富，其利益难以确定和评价。尽管评估社会利益相对复杂，但最近的一些研究还是使用了多种方法。社会利益的深入评估对于全面评估海洋观测系统的价值特别重要，对任何未来的整体经济评估也都至关重要。

4.4.2 海洋观测用户的应用和类型概况

海洋观测数据及其衍生产品和服务除了对科学的贡献，还具有非常广泛的应用范围，可以服务于各种不同的公共任务和各个领域的商业活动。

目前，许多海洋观测计划旨在为所有这些不同的应用和终端用户提供服务。

例如，欧盟大西洋观测系统 AtlantOS 项目（欧盟 H2020 研究和创新项目，于2015 年 4 月与跨大西洋的 60 多个合作伙伴开始实施）的重点是设计一个多平台、多学科且覆盖整个大西洋的系统，以便观测平台采集的数据可用于许多不同的观测目标（AtlantOS，2018）。

在考察不同的海洋经济领域时，海洋观测确实在不同的领域具有不同的体现（表 4.9）。例如，海运领域传统上依赖于海况预报。在海上油气的勘探和生产中，勘探、平台选址、工程设计和安装、生产和退役等不同活动需要不同的产品和服务，包括风、浪、海流和水深信息。在某些情况下，过去的经验可以从一个行业移植到另一个行业。近海水产养殖业受益于海上油气行业在工程设计和海上工程建设方面的经验教训（Rayner，2018）。相比之下，除了波浪、风和海流信息，海洋可再生能源生产等新兴产业还需要盐度梯度、能源和温度方面的新型产品和服务（Gruet，2018）。

表 4.9 部分海洋观测应用领域

领域	应用
运输（不包括军事）	航运作业、气垫船作业、水翼船作业、潜水器或潜艇作业、遥控运载器、海底隧道作业、堰坝通道（barrage roads）、海堤公路（causeway）、桥梁、航道、航行安全设施、灯光、电子海图、安全服务、救援、救生、消防、港口作业
能源生产	油气生产、油气探测、勘探和钻井服务、海洋温差发电、波浪能、潮汐能、风能、海上设施
环境保护	海滩清洁、石油污染控制、非石油污染控制、河口污染、健康灾害、海洋保护区、物种保护、环境预报、防洪、废物安全处置、舒适度评价、环境质量控制、环境数据服务
矿物提取	骨料、沙子、砾石、深海、锰结核、热液泥浆、结壳、砂矿、钻石、锡、盐提取、氧化镁、溴、海水淡化、磷酸盐、煤、海底
来自海洋的食物	渔业、捕捞渔业、鱼类养殖业、贝类采集业、贝类和甲壳类养殖业、渔具
防御	军用舰船、水面舰船和潜艇、反潜战、海洋学应用、水下武器、导航、定位、国防设备销售、零部件、操作和效率、后勤、控制、计算
建筑	沿海防护、港口建设、疏浚、填海造地、筑坝

续表

领域	应用
施工与工程	隧道施工、排水口/进水口、工程咨询、组件、液压、马达、泵、电池、电缆、制造和作业、铺设、防腐、油漆、防污损、重型起重、起重机、绞车、船舶推进、高效船舶、自动船舶、支架、海上施工、平台、管道铺设、挖沟、掩埋、造船（非国防类，包括所有类型）
服务	认证、气候预测、数据咨询、数据服务、数据传输、电信、潜水（包括供应商）、检查、维护、修理、保险、气象学和海洋学勘测、制图、水文勘测、项目管理、非国防性项目、咨询、遥感、打捞、拖曳、船舶航线确定、天气预报
设备销售	船舶电子设备、仪器仪表、雷达、光电子设备、声呐、浮标等
旅游和娱乐	游钓、划船、海滩游玩
基础和战略研究	声学、电子学、土木工程、气候变化、气候预测、沿海建模、数据中心、环境科学、河口建模、渔业、海洋生物学、海洋天气预报、海洋建模、海洋学、极地研究、遥感、大陆架建模、航运和海军建筑
偏远地区	农业、土地使用规划或区划、城市管理、地方政府、湿地管理、公共卫生

资料来源：《从欧洲角度看海洋观测的投资收益》（Flemming，2001）。《21 世纪的海洋观测》，全球海洋数据同化实验（GODAE）项目办公室/澳大利亚气象局，澳大利亚，墨尔本。

海洋观测资料及许多相关产品和服务往往通过开放式在线数据平台提供，这些平台免费且易于访问，通常无须注册。开放式海洋观测数据平台包括澳大利亚开放数据网络（AODN）、欧盟哥白尼海洋环境监测中心（CMEMS）、欧洲海洋观测和数据网络（EMODnet）、美国综合海洋观测系统（IOOS）、泛欧海洋和海洋数据管理基础设施（SeaDataNet）和联合国教科文组织政府间海洋学委员会的海洋生物地理信息系统（OBIS）。政府间海洋学委员会的国际海洋数据与信息交换计划（IODE）整合了诸多的国际档案，评估了 80 多个海洋数据中心的数百万次海洋观测的质量。

数据的轻松访问减少了与下载和使用数据相关的摩擦成本，从而潜在地增加了使用频次并使相关利益最大化。不过，这也会带来一些负面后果。其中一个问题是，虽然下载的数据量是已知的，但用户类型和数据的最终用途在大多数情况下是未知的。这是确定数据相关利益的重大障碍之一，并可能无法确保资金流的可持续性。很少有开放式数据平台会跟踪或计划跟踪从其门户下载的数据集，用户注册的障碍非常有限。但是，当他们测量下载量时，测量会带来关于用户群体类型和他们利用不同类型的海洋观测进行活动的宝贵信息（专栏 4.9）。

专栏 4.9 衡量用户群体访问其门户频率的海洋观测数据平台的两个示例：EMODnet 和 CMEMS

欧洲海洋观测和数据网络（EMODnet）是欧盟于 2009 年启动的长期海洋数据计划。超过 150 个组织强强合作，为数据网络收集和提供海洋数据、元数据、产品和服务。EMODnet 有七个主题数据门户，提供测深、生物、化学、地质、人类活动、物理和海底生境数据。每个门户的数据都是免费且公开的。自 2015 年以来，EMODnet 一直在评估对每个数据门户网站的访问，下载量有所增加，特别是物理门户（+140%）和人类活动门户（+60%）。EMODnet 记录了将数据用于特定应用或项目的情况。这些用例表明了对海洋观测的需求以及各种用途。2018 年 5 月，EMODnet 首次启动了用户调查，更详细地收集了有关用户及其下载的信息。这项调查的结果即将公布。

哥白尼海洋环境监测中心（CMEMS）即在欧盟“哥白尼计划”框架内的欧盟海洋服务中心。它是由非营利性公司墨卡托海洋国际公司（Mercator Ocean International）自 2015 年开始运营的一家跨国海洋分析和预报中心，提供涵盖世界范围内所有海域的专业信息和预报服务。哥白尼海洋环境监测中心提供有关海洋物理和生物地球化学状态的定期和系统的核心参考信息，并基于现场和卫星数据以及专家信息（例如《海洋状态报告》）提供 150 种海洋产品和服务（观测和模型）。哥白尼海洋环境监测中心非常注重为终端用户市场开发下游产品和服务的中间用户。中间用户涵盖大学、商业和私人公司、公共服务、协会和基金会中的各类人员。为了向用户群体提供更好的服务，哥白尼海洋环境监测中心规定了注册程序，要求用户说明其组织的类型、使用哥白尼海洋环境监测中心产品和服务的主要目的以及用户所从事的利益领域。通过注册程序收集的数据可以得出用户群体的分布及其对哥白尼海洋环境监测中心产品和服务的需求和使用效果。截至 2018 年 3 月，哥白尼海洋环境监测中心拥有 12 700 个用户，整个滚动年度中约有 8 400 个活跃用户（即年内至少下载一次数据的用户）。用户人数从 2015 年的 6 000 名在一年之内增长了一倍多。平均每月有 200～300 名新用户在哥白尼海洋环境监测中心网站上在线注册。

资料来源：墨卡托海洋国际公司与欧洲海洋观测和数据网络提供的海洋观测用户原始汇总数据。

海洋观测数据、产品和服务提供者与用户群体之间的潜在匹配也是至关重要的问题。操作用户往往更喜欢根据其具体需求量身定制产品和服务。由于空间或时间分辨率不同等原因，可公开获得的数据不一定与这些需求相匹配。此外，终端用户往往没有能力或技能将原始数据转换成他们需要的产品。因此，即使数据是公开可用的，也可能无法充分发挥其潜力。

在美国，海洋测量、观测和预报领域的产品和服务的主要客户包括科研人员、海洋产业（如海上油气生产）、港口、商业航运以及捕捞渔业和水产养殖业。这是对由美国国家海洋和大气管理局（NOAA）管理的美国综合海洋观测系统（IOOS）进行的一项调查的发现（US IOOS and NOAA，2016）。这项研究的目的是确定这些客户属于哪些公司，并估计这些公司在美国海洋测量、观测和预报领域中产生的收入。这些公司既可以作为观测系统技术的提供者，也可以作为向终端用户提供增值数据产品的中介公司。研究虽然试图确定中介公司用来强化或创造产品或服务的海洋观测结果，但并未试图衡量终端用户的收益（Rayner，Gouldman and Willis，2018）。在这种情况下，约 59%的美国中介公司使用海洋原位数据，最常用的类型包括物理海洋学数据（48%），其次是测深数据（34%）和地球物理数据（26%）。在接受调查的美国中介公司中，约有 41%也使用遥感数据。最常使用的遥感数据类型是岸上观测（33%）和卫星观测（33%），其次是航空观测（19%）。

4.4.3 海洋观测的经济和社会利益

海洋观测、测量和预报能够带来巨大的经济和社会利益，但这种利益很难量化。虽然大量案例研究希望了解和量化与海洋数据相关的社会经济利益，以支持特定的海洋用途或监管措施，但在全球层面尚未全面地描述和量化这些利益。总的来说，获得和利用海洋观测的成本几乎肯定只占所产生利益价值的一小部分。

持续的海洋观测将会衍生出种类繁多的业务产品和服务。根据经合组织对海洋观测价值评估研究的文献综述，天气预报（36%）、海况预报（21%）和气候预报（7%）是最常用于业务用途的产品和服务。一些传统的业务用户群体包括海军和海岸警卫队、海洋油气业、商业航运、渔业和水产养殖业。矛盾的是，得益于海洋观测并在文献中报道最多的用户领域并没有反映这些传统用户群的分布，其中某些用户群的部分细节见表 4.9。这是因为许多量化这些领域的工作仅存在于“灰色”文献中，而不是同行评审文献。

迄今为止，进行的社会经济评估为海洋观测利用提供了部分价值评估，主要涉及的产业包括水产养殖业和渔业（13%）、农业（9%）、环境管理业（8%）、旅游业和邮轮业（8%）、污染和溢油（8%）、军事及搜救业（8%）、商业航运及海上运输业（8%）。

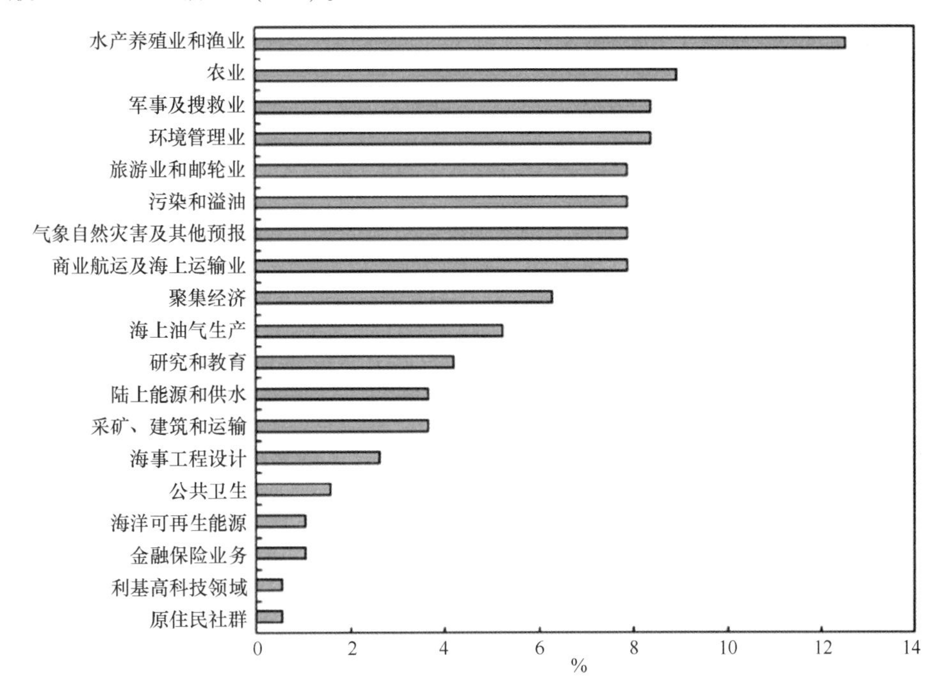

图 4.2　受益于持续海洋观测的部分业务用户领域在所查看文献中占的百分比

资料来源：《持续海洋观测评估》（OECD，2019），经合组织科学、技术和行业政策文件（即将出版）。

这些利益可分为三大类：

- 直接经济利益是与销售全部或部分来自海洋观测的信息产品有关的收入。例如，商业捕捞业中用来测量海面水温以协助定位捕捞对象的产品的销售。其中的许多商业产品部分基于公共资助的开放式数据平台提供的免费数据。这一类别比较直截了当，但进行评估所需的统计数据一般相当匮乏。在影响评估中往往不考虑直接根据海洋观测结果销售产品或服务带来的商业收入。
- 第二类是间接经济利益。终端用户从购买全部或部分来自海洋观测的信息产品或服务中获得间接利益（例如，由于准确的天气预报而选择了更合适的航线，进而免受恶劣天气影响，降低了燃料成本）。间接经济利益来自改进海洋观测而提高的效率或生产力。这一类是文献中最常见的。成本节约（30%）、成本规避（15%）和收入增加（14%）是研究中最常见的三种利益类型。

- 最后，社会普遍以确定和量化更容易识别的方式获益（例如，改善海洋治理、环境管理或更好地了解气候变化的影响，评估与减轻气候变化相关的可规避成本）。最常见的社会利益类型是改善环境管理（10%）、挽救生物（7%）和改进预测（6%）。

这些不同类型的利益可加以定性或定量评估。在综述文献中，2/3 的利益是定量评估的。

4.4.4 持续海洋观测评估的后续步骤

要全面评估海洋观测的价值，就需要根据评估进程的通用标准，进一步确定和了解不同的中间用户和终端用户群体，以及他们对海洋观测的使用情况和相关利益。虽然这些正在进行的努力值得赞扬，而且最近在绘制业务用户群体图方面也取得了进展，但研究表明，就科学用户而言，通常没有收集到关于中间用户和终端用户的数据。这种基本数据收集的缺乏有时是由对开放式数据政策的不同解释引起的。对专用价值链进行更彻底和详细的分析可能有助于更可靠地评估社会经济效益。

除了科学效益，量化社会经济效益还将为促进海洋观测的可持续性带来更强有力的论据，改善下列步骤可有助于这项工作：

- 跟踪用户并描绘价值链：海洋观测提供者加大力度跟踪用户群体、用户下载和使用数据的情况，将有助于确定相关的市场价值和社会价值，其中将涉及改进科学或业务终端用户的识别和描绘。对海洋观测的终端用户进行专门调查属于有用的手段，可以收集用户的特征、所需的产品和服务以及利用海洋观测所获得的利益。这些调查可与开放式数据平台合作进行，如澳大利亚开放数据网络、欧盟哥白尼海洋环境监测中心、欧洲海洋观测和数据网络或美国国家海洋和大气管理局综合海洋观测系统，以其用户群为目标群体。对海洋观测产生的一些主要产品和服务的专门价值链进行更透彻和详细的分析，也有助于对社会经济利益进行有力评估。在国家和国际层面（例如，美国国家海洋和大气管理局，全球海洋观测系统）正在进行非常有益的努力，但正如本文献综述所揭示的那样，仍有一些领域被忽视。召开专家会议专门讨论从绘制不同层次用户群体价值链图中吸取的经验教训对海洋观测界非常有用。

- 推进方法论的发展：这类研究在空间和时间范围、采用的方法和涵盖的用户范围方面具有很大的差异。海洋观测界将受益于评估海洋观测的国际标准或准则。这将简化不同研究的比较结果并将其汇总。评估海洋观测的利益普遍面临着若干挑战，例如许多海洋观测的公益性质、复杂的价值链和对各种利益相关者的评估。由于在评估中采用的时间、行业和空间尺度不同，个别研究的比较结果可能会变得复杂，但依然可以在方法上加以改进。气象和环境政策界已经对可能适用于海洋观测的信息技术进行了实用性和价值方面的测试，并为这些信息技术的使用和发展铺平了道路。海洋观测的整体社会经济评估需要考虑海洋环境、生态系统及其相关服务。尽管存在一些有助于讨论的工具和方法，但对环境进行评估仍然具有挑战性（OECD，2018）。

- 扩大国际知识库：海洋观测工作是与各界分享国际知识库的起点。扩展已知文献并使其更具包容性自然将成为下一步工作，因为根据与不同利益相关者的讨论，知识库可以纳入更多的实质内容。这将涉及更广泛的国际范围（例如亚洲和拉丁美洲最近的研究），并包括关于社会利益评估的进一步工作，部分是基于经合组织关于持续科学投资与经济增长之间联系的现有活动流。向决策者和资助机构提供可靠的询证信息，可以对与海洋观测价值有关的知识库进行改进。

参考文献

Abildgaard, C.（2017），“Measuring the Ocean Economy：A Norwegian Perspective”，*presentation at OECD Workshop：New Approaches to Evaluating the Ocean Economy，22 & 23 November 2017*，OECD，Paris.

ABS（2017），*4680. 0-Experimental Environmental-Economic Accounts for the Great Barrier Reef*，Australian Bureau of Statistics，Canberra，Australia.

ABS（2015），*4680. 0. 55. 001-Information Paper：An Experimental Ecosystem Account for the Great Barrier Reef Region*，Australian Bureau of Statistics，Canberra，Australia.

ADEUPa（2018），*Observatoire de l'économie maritime en bretagne*，Agence d' Urbanisme Bretagne，Brest，France.

Agardy，T.，G. di Sciara and P. Christie（2011），“Mind the gap：Addressing the shortcomings of marine protected areas through large scale marine spatial planning", *Marine Policy*, Vol. 35/2. pp. 226-232. http: //dx. doi. org/10. 1016/J. MARPOL. 2010. 10. 006.

Ali, Z. (2017), "Canada's Experience Measuring the Ocean Economy", *presentation at OECD Workshop: New Approaches to Evaluating the Ocean Economy, 22 & 23 November 2017*, OECD, Paris.

Armstrong, C. et al. (2012), "Services from the deep: Steps towards valuation of deep sea goods and services", *Ecosystem Services*, Vol. 2, pp. 2 - 13, http: //dx. doi. org/10. 1016/J. ECOSER. 2012. 07. 001.

AtlantOS (2018), *AtlantOS Legacy: Optimizing and Enhancing the Integrated Atlantic Ocean Observing Systems*, GEOMAR Helmholtz Centre for Ocean Research, Kiel, Germany, April 2018.

Borra, M. (2017), "Measuring the Ocean Economy: An Italian Perspective", *presentation at OECD Workshop: New Approaches to Evaluating the Ocean Economy, 22 & 23 November 2017*, OECD, Paris.

Brouwer, R. et al. (2013), *A synthesis of approaches to assess and value ecosystem services in the EU in the context of TEEB*, Institute for Environmental Studies, VU University Amsterdam, Amsterdam, Netherlands.

CBD (2011), *Quick guide to the Aichi Biodiversity Target 2: Biodiversity values integrated*, Convention on Biological Diversity, Rio de Janeiro, Brazil.

Cebr (2017), *The economic contribution of the UK maritime sector*, Maritime UK, London, United Kingdom.

Chang, J. (2017), "Measuring Ocean Economy in Korea", *presentation at OECD Workshop: New Approaches to Evaluating the Ocean Economy, 22 & 23 November 2017*, OECD, Paris.

Chirico, A., T. McClanahan and J. Eklöf (2017), "Community-and government-managed marine protected areas increase fish size, biomass and potential value", *PLOS ONE*, Vol. 12/8, p. e0182342. http: //dx. doi. org/10. 1371/joumal. none. 0182342.

Colgan, C.(2013),"The ocean economy of the United States: Measurement, distribution, and trends", *Ocean & Coastal Management*, Vol. 71, pp. 334 - 343, http: //dx. doi. org/10. 1016/j. ocecoaman. 2012. 08. 018.

Colgan, C. (2007), *A Guide to the Measurement of the Market Data for the Ocean and Coastal Economy in the National Ocean Economics Program*, National Ocean Economics Program, University of Maine, Maine, USA.

Cormier, R. and M. Elliott (2017), "SMART marine goals, targets and management-Is SDG 14 operational or aspirational, is 'Life Below Water' sinking or swimming?", *Marine Pollution Bulletin*. Vol. 123/1-2. pp. 28-33. http: //dx. doi. org/10. 1016/j. maroolbul. 2017. 07. 060.

Costanza, R. et al. (1997), "The value of the world's ecosystem services and natural capital", *Nature*. Vol. 387/6630. pp. 253-260. http: //dx. doi. org/10. 1038/387253a0.

Daily, G. (1997), *Nature's services: societal dependence on natural ecosystems.* Island Press, Washington D. C., USA.

DFO (2009), "Economic Impact of Marine Related Activities in Canada", *Statistical and Economic Analysis Series*, *Fisheries and Oceans Canada*, *Government of Canada*, Vol. 1/1.

Diaz, S. et al. (2015), "The IPBES Conceptual Framework — connecting nature and people", *Current Opinion in Environmental Sustainability*, Vol. 14, pp. 1-16, http://dx.doi.org/10.1016/J.COSUST.2014.11.002.

Didier, A. (2017), "Measuring the Ocean Economy-A French Perspective", *presentation at OECD Workshop: New Approaches to Evaluating the Ocean Economy*, *22 & 23 November 2017*, OECD, Paris.

ECLM (2017), *Employment and Production in Blue Denmark 2017*, Danish Maritime Authority, Korsor, Denmark.

ECLM (2016), *Employment and Production in Blue Denmark 2016*, Danish Maritime Authority, Korsor, Denmark.

ECLM (2015), *Employment and Production in Blue Denmark 2015*, Danish Maritime Authority, Korsor, Denmark.

European Commission (2018), *The* 2018 *Annual Economic Report on EU Blue Economy*, Directorate-General for Maritime Affairs and Fisheries, European Union (EU), http://dx.doi.org/10.2771/305342.

Flemming, N. (2001), "Dividends from investing in ocean observations: a European perspective", in *Observing the Oceans in the 21st Century*, GODAE Project Office/Bureau of Meteorology, Melbourne, Australia.

Franzese, P. et al. (2017), "Natural capital accounting in marine protected areas: The case of the Islands of Ventotene and S. Stefano (Central Italy)", *Ecological Modelling*, Vol. 360, pp. 290-299. http://dx.doi.org/10.1016/j.ecolmodel.2017.07.015.

Franzese, P. et al. (2015), "Environmental Accounting in Marine Protected Areas: the EAMPA Project", *Journal of Environmental Accounting and Management*, Vol. 3/4, pp. 323-331, http://dx.doi.org/10.5890/JEAM.2015.11.002.

Girard, S. and R. Kalaydjian (2014), *French Marine Economic Data 2013*, Marine Economics Unit. IFREMER. Issy-les-Moulineaux. France, http://dx.doi.org/10.13155/36455.

GOOS (2018), *Global Ocean Observing System-Essential Ocean Variables*, Global Ocean Observing System (GOOS), UNESCO, Paris.

Government of France (2018), *L'évaluation frangaise des écosystèmes et des services écosystémiques*, Ministry of Solidarity and Ecological Transition, Government of the French Republic, Paris.

Government of Ireland (2012), *Harnessing Our Ocean Wealth-An Integrated Marine Plan for Ireland*,

Dublin, Ireland, Government of Ireland.

Government of Norway (2017), *New Growth, Proud History*, Ministry of Trade, Industry and Fisheries, Oslo, Norway.

Grealis, E. et al. (2017), "The economic impact of aquaculture expansion: An input - output approach", *Marine Policy*, Vol. 81, pp. 29 - 36, http://dx.doi.org/10.1016/J.MARPOL.2017.03.014.

Gruet, R. (2018), "Marine renewable energies: Overview of industry and ocean information needs", *presentation at the GEO Blue Planet Symposium, Toulouse, France, 4-6 July 2018.*

Haines-Young, R. and M. Potschin (2018), *Common International Classification of Ecosystem Services (CICES) V5.1 Guidance on the Application of the Revised Structure*, Fabis Consulting Ltd., Nottingham, UK.

Haines-Young, R., M. Potschin-Young and B. Czúcz (2018), *Report on the use of CICES to identify and characterise the biophysical, social and monetary dimensions of ES assessments*, Deliverable D4.2, EU Horizon 2020 ESMERALDA Project, Grant agreement No. 642007.

Hanley, N. and E. Barbier (2010), *Pricing Nature, Cost-Benefit Analysis and Environmental Policy*, Edward Elgar, Cheltenham, UK.

Hynes, S. (2017), "Progress in Measuring the Ocean Economy: An Irish Perspective", *presentation at OECD Workshop: New Approaches to Evaluating the Ocean Economy, 22 & 23 November 2017*, OECD, Paris.

ICSU (2017), *A Guide to SDG Interactions: From Science to Implementation*, International Council for Science (ICSU), Paris.

IOC (2017), *Global Ocean Science Report: The Current Status of Ocean Science Around the World*, Intergovernmental Oceanographic Commission, UNESCO Publishing, Paris.

Karousakis, K. (2018), "Evaluating the effectiveness of policy instruments for biodiversity: Impact evaluation, cost-effectiveness analysis and other approaches", *OECD Environment Working Papers*, No. 141, OECD Publishing, Paris. https://dx.doi.org/10.1787/ff87fd8d-en.

Kildow, J. and A. Mcllgorm (2010), "The importance of estimating the contribution of the oceans to national economies", *Marine Policy*, Vol. 34/3, pp. 367 - 374, http://dx.doi.org/10.1016/j.marpol.2009.08.006.

Kim, J., D. Jung and S. Yoo (2016), "Analyzing the Market Size and the Economic Effects of the Oceans and Fisheries Industry", *Ocean and Polar Research*, Vol. 38/1, pp. 59-70, http://dx.doi.org/10.4217/OPR.2016.38.1.059.

KMI (2019), *Korea's Ocean Economy*, forthcoming Korea Maritime Institute (KMI), Busan, South Korea.

Kwak, S., S. Yoo and J. Chang (2005), "The role of the maritime industry in the Korean national economy: an input-output analysis", *Marine Policy*, Vol. 29, pp. 371-383, http://dx. doi. org/10. 1016/j. marpol. 2004. 06. 004.

La Notte, A. et al. (2017), "Ecosystem services classification: A systems ecology perspective of the cascade framework.", *Ecological indicators*, Vol. 74, pp. 392 - 402, http://dx. doi. org/10. 1016/j. ecolind. 2016. 11. 030.

Lee, M. and S. Yoo (2014), "The role of the capture fisheries and aquaculture sectors in the Korean national economy: An input-output analysis", *Marine Policy*, Vol. 44, pp. 448-456, http://dx. doi. org/10. 1016/J. MARPOL. 2013. 10. 014.

Lindeman, R. (1942), "The Trophic-Dynamic Aspect of Ecology", *Ecology*, Vol. 23/4, pp. 399-417. http://dx. doi. org/10. 2307/1930126.

Liquete, C. et al.(2013),"Current Status and Future Prospects for the Assessment of Marine and Coastal Ecosystem Services: A Systematic Review", *PLoS ONE*, Vol. 8/7, p. e67737, http://dx. doi. org/10. 1371/joumal. pone. 0067737.

MA (2005), *Ecosystems and human well-being: biodiversity synthesis*, Millenium Ecosystem Assessment Series, World Resources Institute, Island Press, Washington, D C., USA.

Marine Scotland (2018), *Scotland's Marine Economic Statistics*, Scottish Government, Edinburgh, Scotland.

McCauley, D. (2006), "Selling out on nature", *Nature*, Vol. 443/7107, pp. 27-28, http://dx. doi. org/10. 1038/443027a.

Mcilgorm, A. (2016), "Ocean Economy Valuation Studies in the Asia-Pacific Region: Lessons for the Future International Use of National Accounts in the Blue Economy", *Journal of Ocean and Coastal Economics*. Vol. 2/2. http://dx. doi. org/10. 15351/2373-8456. 1046.

Menon Economics (2018), *Maritim Verdiskapingsbok 2018*, Menon Economics, Oslo, Norway.

NOAA (2018), *Economics: National Ocean Watch (ENOW) Data*, Office for Coastal Management, National Oceanic and Atmospheric Administration (NOAA), USA.

NOEP (2017), *Environmental and Recreational (Non-Market) Values-Valuation Studies Search*, National Ocean Economics Program, Center for the Blue Economy, Middlebury Institute for International Studies at Monterey, USA.

Norton, D., S. Hynes and J. Boyd (2018), *Valuing Ireland's Coastal, Marine and Estuarine Ecosystem Services*, Research Report 239, Environmental Protection Agency of Ireland, Co. Wexford, Ireland.

Ntona, M. and E. Morgera (2018), "Connecting SDG 14 with the other Sustainable Development Goals through marine spatial planning", *Marine Policy*, Vol. 93, pp. 214-222, http://dx. doi. org/10. 1016/J. MARPOL. 2017. 06. 020.

OECD (2019), "Valuing Sustained Ocean Observations", *OECD Science, Technology and Industry Policy Papers (forthcoming)* OECD Publishing, Paris.

OECD (2018), *Cost-Benefit Analysis and the Environment: Further Developments and Policy Use.* OECD Publishina. Paris, http://dx.doi.org/10.1787/9789264085169-en.

OECD (2017), *Measuring Distance to the SDG Targets 2017*, OECD Publishing, Paris, http://dx.doi.org/10.1787/9789264308183-en.

OECD (2017), *Statistical Insights: What role for supply-use tables?*, OECD Insights Blog, OECD, Paris.

OECD (2016), *The Ocean Economy in 2030*, OECD Publishing, Paris, https://dx.doi.org/10.1787/9789264251724-en.

OECD (2014), *Understanding National Accounts: Second Edition*, OECD Publishing, Paris, http://dx.doi.org/10.1787/9789264214637-en.

OECD; European Union; United Nations; World Tourism Organization (2010), *Tourism Satellite Account: Recommended Methodological Framework 2008*, United Nations, New York, USA, https://doi.org/10.1787/9789264274105-en.

Pendleton, L. et al.(2016), "Has the value of global marine and coastal ecosystem services changed?", *Marine Policy*, Vol. 64, pp. 156-158, http://dx.doi.org/10.1016/J.MARPOL.2015.11.018.

Picone, F. et al. (2017), "Integrating natural capital assessment and marine spatial planning: A case study in the Mediterranean sea", *Ecological Modelling*, Vol. 361, pp. 1-13, http://dx.doi.org/10.1016/J.ECOLMODEL.2017.07.029.

Portugal, S. and DGMP (2016), *Satellite Account for the Sea-2010-2013 Methodological Report*, Statistics Portugal and Directorate-General for Maritime Policy, Government of Portugal, Lisbon, Portugal.

Rayner, R. (2018), "Aquaculture development: An overview", *presentation at GEO Blue Planet Symposium, Toulouse, France, 4-6 July 2018.*

Rayner, R., C. Gouldman and Z. Willis (2018), "The Ocean Enterprise - understanding and quantifying business activity in support of observing, measuring and forecasting the ocean", *Journal of Operational Oceanography*, pp. 1-14, http://dx.doi.org/10.1080/1755876X.2018.1543982.

Rivero, S. and S. Villasante (2016), "What are the research priorities for marine ecosystem services?", *Marine Policy*, Vol. 66, pp. 104-113, http://dx.doi.org/10.1016/J.MARPOL.2016.01.020.

Sawney, S. (2017), "Blue Grenada: A commitment to blue growth, sustainability and innovation", *presentation at OECD Workshop: New Approaches to Evaluating the Ocean Economy, 22 & 23 November*

2017, OECD, Paris.

Sayre, R. et al.(2017),"A New Map of Global Ecological Marine Units-An Environmental Stratification Approach", *A Special Publication of the American Association of Geographers, Washington, D. C., USA.*

Schrøder Bech, M. (2017), "New Approaches to Evaluating the Ocean Economy: The Danish Government Perspective", *presentation at OECD Workshop: New Approaches to Evaluating the Ocean Economy, 22 & 23 November 2017*, OECD, Paris.

Schröter, M. et al. (2016), "National Ecosystem Assessments in Europe: A Review", *BioScience*, Vol. 66/10. dd. 813-828. http://dx. doi. org/10. 1093/biosci/biw101.

Schröter, M. et al. (2014), "Ecosystem Services as a Contested Concept: A Synthesis of Critique and Counter-Arguments", *Conservation Letters*, Vol. 7/6, pp. 514-523, http://dx. doi. org/10. 1111/conl. 12091.

Seo Park, K. and J. Kildow (2014), "Rebuilding the Classification System of the Ocean Economy", *Journal of Ocean and Coastal Economics*, Vol. 2014/1, http://dx. doi. org/10. 15351/2373-8456. 1001.

Song, W., G. He and A. Mcllgorm (2013), "From behind the great wall: The development of statistics on the marine economy in china", *Marine Policy*, Vol. 39, pp. 120-127, http://dx. doi. org/10. 1016/j. marpol. 2012. 09. 006.

Sornn-Friese, H. (2003), *Navigating Blue Denmark: Danish Maritime Cluster Employment and Production*, Søfartsstyrelsen, København, Denmark.

Stats NZ (2018), *Environmental-economic accounts: 2018 (corrected)*, Retrieved from www. stats. govt. nz, Stats NZ Tatauranga Aotearoa, Wellington, New Zealand.

Stats NZ (2018), *Environmental-economic accounts: Sources and methods*, Retrieved from www. stats. govt. nz, Stats NZ Tatauranga Aotearoa, Wellington, New Zealand.

TEEB (2010), *Mainstreaming the Economics of Nature: A Synthesis of the Approach, Conclusions and Recommendations of TEEB*, The Economics of Ecosystems and Biodiversity (TEEB), Geneva, Switzerland.

TEEB (2010), *The Economics of Ecosystems and Biodiversity Ecological and Economic Foundations*, The Economics of Ecosystems and Biodiversity (TEEB), Geneva, Switzerland.

Torres Figuerola, C. and N. Hanley (2016), "Economic valuation of marine and coastal ecosystem services in the 21st Century: an overview from a management perspective", *Working Paper*, No. 2016-01, Discussion Papers in Environment and Development Economics, University of St. Andrews, School of Geography and Sustainable Development.

Torres, C. and N. Hanley (2017), "Communicating research on the economic valuation of coastal and marine ecosystem services", *Marine Policy*, Vol. 75, pp. 99-107, http: //dx. doi. org/10. 1016/J. MARPOL. 2016. 10. 017.

UN (2015), *Transforming Our World: The 2030 Agenda For Sustainable Development A/RES/70/1*, United Nations General Assembly, New York, USA.

UN SEEA (2018), *Ocean Accounts Partnership Holds First Meeting*, United Nations System of Environmental Economic Accounting website: https: //seea. un. org.

UN SEEA (2018), *SEEA Experimental Ecosystem Accounting Revision 2020: Revision Issues Note*, United Nations System of Environmental Economic Accounting website: https: //seea. un. org.

UN SEEA (2012), *System of Environmental-Economic Accounting 2012: Central Framework*, United Nations, New York, USA.

UNSD (2018), *Global indicator framework for the Sustainable Development Goals and targets of the 2030 Agenda for Sustainable Development*, United Nations Statistics Division (UNSD), New York, USA.

UNSD (2008), *International Standard Industrial Classification of All Economic Activities (ISIC), Rev. 4*, Statistical Papers (Series M), United Nations Statistics Division (UNSD), New York. USA. https: //doi. org/10. 18356/18b0ecdc-en.

US IOOS and NOAA (2016), *The ocean enterprise: A study of US business activity in ocean measurement, observation and forecasting*, US Integrated Ocean Observing System (IOOS), National Oceanic and Atmospheric Administration (NOAA), ERISS Corporation and The Maritime Alliance, USA.

Van de ven, P. (2017), "Satellite accounts and SEEA implementation in national accounts: some best practices", *presentation at OECD Workshop: New Approaches to Evaluating the Ocean Economy, 22 & 23 November 2017*, OECD, Paris.

Vassallo, P. et al. (2017), "Assessing the value of natural capital in marine protected areas: A biophysical and trophodynamic environmental accounting model", *Ecological Modelling*, Vol. 355. PP. 12-17. http: //dx. doi. org/10. 1016/J. ECOLMODEL. 2017. 03. 013.

Vega, A. and S. Hynes (2017), *Ireland's Ocean Economy*, Socio-Economic Marine Research Unit (SEMRU), Whitaker Institute of Innovation and Societal Change, National University of Ireland, Galway, Ireland.

Wang, X. (2017), "Blue Economy in China", *presentation at OECD Workshop: New Approaches to Evaluating the Ocean Economy, 22 & 23 November 2017*, OECD, Paris.

WAVES (2016), *Policy Briefing: Natural capital accounting and the Sustainable Development Goals*, Wealth Accounting and Valuation of Ecosystem Services (WAVES), World Bank.

Wilson, L. et al. (2014), "The Role of National Ecosystem Assessments in Influencing Policy Making". *OECD Environment Working Papers*, No. 60, OECD Publishing, Paris, http: //dx. doi. org/10. 1787/5ixvl3zsbhkk-en.

WWF (2015), *Reviving the Ocean Economy: the case for action*, WWF International, Gland, Geneva, Switzerland.

Zhao, R., S. Hynes and G. Shun He (2014), "Defining and quantifying China's ocean economy", *Marine Policy*. Vol. 43/C. PP. 164 - 173. http://dx.doi.org/10.1016/j.marpol.2013.05.008.

附件 4A 部分国家和地区层级的海洋经济衡量

以下各节总结了部分国家和地区衡量海洋经济的方法，包括最新的估算数、采用的方法以及在某些情况下为衡量海洋产业和海洋生态系统而正在进行的工作。除了经合组织秘书处开展的基于案头的广泛研究和磋商，2017 年 11 月经合组织在巴黎举办了一次专门研讨会（关于研讨会的更多信息，见专栏 4.4）。

加拿大

加拿大渔业和海洋部的统计办公室每年使用 2009 年出版物中概述的方法估算加拿大海洋产业的价值（DFO，2009）。这些数据来自加拿大国民账户，如果存在数据差距，则通过政府和行业主导的调查加以补充。结果根据加拿大海洋产业在国家和地区层面对国内生产总值（GDP）、家庭收入和就业率的贡献来展示。此外，加拿大渔业和海洋部的统计办公室还使用了一个投入-产出模型来估计海洋活动对多种私营行业以及与海洋有关的公共机构的支出所产生的广泛影响。这一分析的结果列于附表 4A. 1。

附表 4A. 1 加拿大海洋经济活动的国内生产总值和就业情况（2009—2012 年）

单位：百万加拿大元；以全职员工计

	2009		2010		2011		2012	
	GDP	就业	GDP	就业	GDP	就业	GDP	就业
私营部分								
海产品	5 601	84 381	6 012	84 614	6 573	92 388	6 829	95 954
海上油气	7 548	15 737	8 930	14 858	11 291	17 964	8 461	13 189
运输	6 735	66 997	7 138	71 717	7 600	76 617	8 411	85 102
旅游和娱乐	4 272	67 249	4 295	63 601	4 264	63 098	4 376	64 795
制造业和建筑业	1 706	24 141	1 679	19 657	1 695	19 935	1 658	19 831
私营部分小计	25 861	258 502	28 053	254 446	31 423	270 001	29 735	278 871

续表

	2009		2010		2011		2012	
	GDP	就业	GDP	就业	GDP	就业	GDP	就业
公共部分								
国防	3 703	41 230	3 836	42 002	3 821	41 837	3 776	41 339
管理	2 698	28 023	2 885	29 562	2 749	28 247	2 551	26 336
公共部分小计	6 401	69 253	6 722	71 562	6 571	70 085	6 327	67 675
海洋经济总计	32 262	327 755	34 776	326 008	37 993	340 085	36 062	346 547

资料来源：《加拿大衡量海洋经济的经验》（Ali，2017），在经合组织研讨会上的发言：评估海洋经济的新方法，2017 年 11 月 22—23 日。

衡量加拿大海洋经济的一个关键制约因素是缺乏适用于北极地区生计经济且基于现金和非现金交易的方法（Ali，2017）。非现金物品，如猎杀的海豹，在社区中共享而不是出售，尽管它们对居民的生计和福祉具有重要意义，但它们定价不菲，使用典型的国家统计方法尤其难以衡量。

中国

20 世纪 80 年代末，中国开始开发用于衡量海洋经济的统计系统（Song，He and Mcllgorm，2013）。到 2006 年，中国建立了海洋经济核算体系（OEAS），以便为估算中国的海洋生产总值（GOP）（主要是海洋产业的总增加值）提供一种商定的方法。OEAS 包含多个账户，包括用于计算海洋总产值和衡量海洋产业的主要账户。其他三个账户包括适合于编制投入产出表和自然资本测度的账户（Zhao，Hynes and Shun He，2014）。中国国家海洋信息中心负责监督 OEAS 的发展，同时负责编制部分海洋经济出版物所需的数据，包括年度《中国海洋经济统计公报》。2016 年最新统计公报估计，2015 年中国海洋生产总值约为 10 615 亿美元，占 2015 年中国 GDP 总量的 9.5%，比 2014 年增长 6.8%（Wang，2017）。

中国海洋产业按国家海洋局 2006 年发布的统计标准进行分类。《海洋及相关产业分类》与国际公认的 ISIC（第 4 次修订）保持一致（Song，He and Mcll-gorm，2013）。然而，海洋产业分类不一定与中国国家统计局使用的分类相一致（Zhao、Hynes and Shun He，2014）。因此，必须依靠更多的调查来收集缺失行业的数据，以便对整个海洋经济进行衡量。附件表 4A.2 列出了使用这种方法计算出的 2010 年海洋产业 GOP 的细目数据（Zhao，Hynes and Shun He，2014）。

附表 4A.2 2010 年中国海洋经济总增加值与就业情况

海洋领域	总增加值（以十亿美元计）	就业人数（以万人计）
海洋渔业	42.12	553.2
海上油气	19.23	19.7
海洋采矿	0.67	1.6
海盐	0.97	23.8
船舶制造	17.95	32.7
海洋化学品	9.07	25.6
海洋生物医学	1.24	1.0
海洋工程与建筑	12.91	61.5
船用电力	0.56	1.1
海水利用	0.13	—
海上通信和运输	55.92	80.7
沿海旅游	78.33	124.4
总计	239.09	925.3

资料来源：《中国海洋经济定义与量化》（Zhao，Hynes and Shun He，2014），http：//dx.doi.org/10.1016/j.marpol.2013.05.008。

丹麦

丹麦海事局每年发布的一系列关于丹麦海洋经济的统计数据，被称为“蓝色丹麦”（Schrøder Bech，2017）。这些统计数据分析考虑了直接和间接经济活动的就业情况、生产、生产力、教育水平和劳动人口的居住地等因素。最新出版物显示，直接就业人数为 59 692 人（如果包括间接就业人数，则为 94 600 人），2016 年创造了 830 亿丹麦克朗的总增加值（GVA）（ECLM，2017），分别占经济总量直接数据的 2.2%和 4.6%。随着时间的推移，这种统计数据的收集能够突出趋势。例如，2006—2016 年，直接就业人数减少了 12 446 人，而间接就业人数增加了 3 000 人。

2003 年的一篇论文概述了与衡量丹麦海洋经济活动有关的许多困难（Sornn-

Friese, 2003)。突出强调的一个困难是，只有通过国家统计部门——丹麦统计局才能获得部分海洋产业的数据。在缺少官方数据的情况下，只对代理值进行估计。为了更好地了解海上领域的表现，丹麦统计局最近开展了一项“校准”调查，将石油、天然气和可再生能源部门的海上活动与陆上活动进行了界定(Schrøder Bech, 2017)。校准揭示了与通过现有统计框架估算的数据之间的重大差异，官方来源低估了丹麦海洋经济在增加值、就业以及直接和间接影响方面的价值。此外，据申请专利的公司数量估计，海洋经济中的创新已超过整体经济中的创新。然而，这种调查是一次性的，没有编制年度数据（Schrøder Bech, 2017)。

附件表 4A.3　“蓝色丹麦”中就业和生产情况（2014—2016 年）

	2014	2015	2016
就业人数			
仅直接	60 255	60 443	59 692
直接+间接	102 000	100 000	94 600
生产（10 亿丹麦克朗）			
总计	335	330	315
GVA	91.7	98.9	83

资料来源：《2015 年“蓝色丹麦”中就业和生产情况》（ECLM, 2015）；《2016 年“蓝色丹麦”中就业和生产情况》（ECLM, 2016）和《2017 年“蓝色丹麦”中就业和生产情况》（ECLM, 2017）。

欧盟委员会

欧盟委员会联合研究中心在其网站上公布一些海洋产业相关领域的经济数据，如渔船队、水产养殖和鱼类加工等。除这些数据系列外，最近的一份报告估计了 28 个欧盟（EU）成员国的海洋经济规模（European Commission, 2018)。这份报告所衡量的领域包括那些欧盟国家的传统行业：生物资源，海洋油气开采，港口、仓储和水利工程，海上运输，船舶制造和修理以及滨海旅游。经济数据来自欧盟统计部门——欧洲统计局编制的国民账户。没有使用行业编码表示海洋产业的地方，则对海洋产业的贡献作了若干假设（在大多数情况下，假设与一个行业有关价值的 100%可归因于海洋)。此外，本文还考虑了几个新兴产业，并定性地讨论了它们最近的表现趋势。这些产业包括：海洋可再生能源、生物经济、海水淡化、深海海底采矿、沿海和环境保护。

附表 4A.4 详细列出了 2012—2016 年欧盟已建立的海洋经济产业的直接全球增加值（GVA）。2016 年，传统海洋产业估计直接为整个欧盟经济贡献了约 1 740 亿欧元。公布的其他指标包括就业情况（348 万人）、平均年薪（28 300 欧元）和对欧盟国内生产总值的贡献（1.3%）。

附表 4A.4 欧盟“蓝色经济”的总增加值（2012—2016 年）

	2012	2013	2014	2015	2016
生物资源	16 777	16 330	17 521	18 082	18 563
海洋油气开采	30 876	29 341	26 444	26 398	26 398
港口、仓储和水利工程	17 009	17 722	17 850	19 547	19 546
海上运输	21 744	23 103	23 282	27 430	27 428
船舶制造和修理	11 463	10 955	11 934	11 917	11 878
滨海旅游	64 524	67 569	67 137	67 472	70 410
总计	162 393	165 020	164 168	170 846	174 223

注：以百万欧元计（2016 年）。

资料来源：《欧盟蓝色经济 2018 年度经济报告》（European Commission，2018），https：//10.2771/305342。

法国

法国管理着世界上第二大专属经济区（EEZ）。法国政府也越来越承认海洋经济的影响（Didier，2017）。法国海洋开发研究院（IFREMER）的海洋经济研究部门就法国海洋经济的规模和状况发表了许多报告。法国的第一份海洋经济数据（FMED）报告于 2001 年发布，最新的报告于 2014 年发布（Girard and Kalaydjian，2014）。法国海洋产业划分的依据是其属于私营部分还是非市场公共部分。数据取自国民账户，在某些情况下（运输、旅游和环境）依赖卫星账户的数据。法国还进行了一些国际比较，主要是在欧盟层面，并使用了欧盟统计局和行业来源的数据。附件表 4A.5 详细列出了法国海洋经济的总增加值和就业率的估算值。

附表 4A. 5 2013 年法国海洋经济的总增加值和就业情况

	总增加值（以百万欧元计）	就业人数
私营部分	32 679	412 642
滨海旅游	17 700	254 000
海产食品行业	2 338	39 445
船舶制造和修理	2 883	42 329
海运和河运	2 989	32 051
海盐	90	828
海洋骨料的提取	23	650
电力生产	—	9 828
海洋与河流土木工程	535	3 976
海底电缆	111	1 363
海上油气服务和设备	6 100	29 000
非市场公共部分	2 940	47 911
法国海军	2 471	39 696
公众干预	182	3 745
沿海和海洋环境保护	—	900
海洋研究	287	3 570
总计	35 619	460 553

资料来源：《2013 年法国海洋经济数据》（Girard and Kalaydjian，2014），https：//10. 13155/36455。

布列塔尼布列斯特城市规划局从区域角度对法国海洋经济进行了另一种衡量（ADEUPa，2018）。这项分析考虑了布列塔尼海洋经济中 17 个行业的就业情况和相关机构的数量。结果表明，2016 年，7 160 个机构中有 65 650 人就业。这大致等于该地区总就业人数的 5%。超过一半的工作岗位分散在与国防相关的活动（31%）和海产食品行业（25%）之间。由于很难将海洋和滨海旅游业从该区域的总数中分离出来，因此没有考虑到旅游业。在根据法国最小行政区划对数据进行细分之后，可以发现，在其中一个地区的首府——布列斯特，与海洋有关的工作岗位和机构的数目是最多的。这一分析基于许多的假设，其中包括：

为便于统计，假设至少25%的机构所从事的活动均与海洋有关。

格林纳达

格林纳达是加勒比海东南部的一个岛国，该国政府尚未衡量其海洋经济，但正在积极鼓励对潜在增长领域的投资。政府设立了蓝色创新学院，以鼓励对九个战略性海洋产业进行投资，即海洋服务、精品旅游、海洋研究、生态旅游、渔业和水产养殖业、全球旅游、科学技术、沿海住宅、航运和工业（Sawney，2017）。格林纳达制定了一个雄心勃勃的目标，即“优化沿海资源、近海资源和海洋资源，使格林纳达成为创造经济蓝色增长和可持续性的世界领导者和国际典范”。实现这一目标的关键是正确地衡量这些行业中经济活动的价值以及与之相关的环境影响。

爱尔兰

自2004年以来，爱尔兰政府为海洋经济统计数据的收集提供资金支持，还包括发表五份有关爱尔兰海洋经济的报告（Hynes，2017）。上述报告、海洋经济统计数据的年度更新报告、趋势分析及动态变化分析均由爱尔兰高威国立大学社会经济海洋资源小组（SEMRU）完成。总体而言，SEMRU对海洋经济统计数据有较高的认识和使用，这些数据可用于为各级政府提供政策信息（Hynes，2017）。

在国家层面，爱尔兰政府的《综合海洋计划》旨在使海洋经济在整个经济中所占的份额从2010年的1.2%增加到2030年的2.4%，即翻一番（Government of Ireland，2012）。附表4A.6列出了2016年爱尔兰海洋经济的统计数据，爱尔兰海洋经济总增加值约占整体经济的1.7%，表明《综合海洋计划》中的目标已逐步实现。在区域、地方和农村各层面，这些数据被用于规划和发展决策中（Hynes，2017）。

与所有国家一样，由于海洋经济缺乏适当的行业分类，爱尔兰海洋经济数据的收集工作面临挑战。新兴产业更是如此，尽管这些行业增长潜力巨大，但却没有行业编码。SEMRU数据是在行业层面上收集的，但需要更好的微观层面数据（Hynes，2017）。这对于国家以下各层面的决策尤为重要。

附表 4A. 6　2016 年爱尔兰海洋经济直接收入、总增加值和就业情况

工业	收入（以百万欧元计）	总增加值（以百万欧元计）	就业情况（以全职员工计）
航运和海运	2 123. 27	533. 15	4 666
海洋贸易	140. 73	41. 76	342
海洋和沿海地区旅游业	1 304. 29	489. 65	14 891
国际海上航游	25. 94	9. 76	—
海洋渔业	279. 80	187. 00	2 536
海洋水产养殖	167. 17	71. 53	1 030
海产食品加工	537. 11	140. 46	3 029
海洋先进技术	139. 68	60. 63	695
海洋生物技术和生物制品	43. 61	16. 99	453
油气勘探与生产	597. 28	71. 67	265
制造、建筑和工程	132. 23	70. 99	1 023
海上零售服务	162. 38	63. 89	790
海洋可再生能源	59. 00	38. 10	454

资料来源：《爱尔兰海洋经济》（Vega and Hynes，2017）。

意大利

意大利侧重一些对海洋经济很重要的领域，包括渔业、运输、旅游业以及环境保护和管理。对于已有官方分类的行业，对相关活动的经济数据进行了评估（Borra，2017）。评估工作表明，目前通过官方统计数据可衡量的意大利海洋产业在 2015 年的总增加值为 426 亿欧元，约占整体经济的 3%。2015 年就业人数为 83. 5 万人，占整体经济的 3. 5%。在所有海洋产业的总增加值中，海洋旅游业所占份额最大（57%），其次是渔业（18. 2%）。研究结果还表明，意大利海洋经济对衰退的抵御能力要强于整体经济。2011—2015 年间，海洋经济的总增加值和就业率分别降低了 0. 4%和 1. 0%，而整体经济的总增加值和就业率则降低了 2. 5%和 3. 6%。

韩国

对韩国海洋水产开发院（KMI）而言，海洋经济的概念在过去30年中不断演变。最初仅限于常规行业（渔业、船舶制造、航运和港口），现在包括新兴的高增加值行业、水体净化和沿海恢复等额外的环境领域（Chang，2017）。韩国海洋水产开发院最近利用韩国投入产出表对海洋产业进行了分析。这一分析的结果列于附表4A.7。通过投入产出分析，韩国海洋水产开发院探讨了产业与其他经济领域之间的联系（Kwak，Yoo and Chang，2005；Kim，Jung and Yoo，2016）。为了提高此类统计数据的准确性和详细程度，韩国海洋水产开发院目前正在努力确保各个行业数据的一致性，并为重要的新兴产业（如海洋生物技术）开展子行业调查（Chang，2017）。

附表4A.7　2014年韩国海洋经济中的产出、增加值和就业情况

	产出（以百万美元计）	增加值（以百万美元计）	就业人数
渔业和水产养殖业	7 211.2	2 946.5	44 990
海产食品加工	8 966.1	1 248.8	40 655
海产食品批发与零售	4 454.5	2 195.4	65 827
海洋休闲与旅游	264.8	136.1	3 752
海洋资源开发与建设	2 458.0	1 153.4	13 739
航运	29 429.2	4 388.2	70 791
港口	4 724.5	1 883.9	27 494
船舶制造和海上工厂	61 478.0	11 548.3	132 476
船用机械设备	5 274.4	1 401.5	18 623
海事服务（测绘、测量、咨询、教育、研发）	13 883.7	8 062.4	133 156

注：1美元=1 053.26韩元（2014年）。
资料来源：《韩国海洋经济》（KMI，2019）。

挪威

挪威政府最近的海洋战略文件概述了该国政府在促进海洋经济可持续增长

中的作用，并提供了有关挪威海洋产业的经济数据（Government of Norway，2017）。经济数据的估算是由一家咨询公司完成的。该咨询公司编写了关于挪威几个海洋产业的年度报告，最新报告于 2018 年发布，其中包含 2016 年的数据（Menon Economics，2018）。挪威海洋战略详细说明了挪威政府打算从全局、跨行业的角度来制定海洋政策。海洋产业的经济数据丰富了知识库，并应用在各种政策环境中（Abildgaard，2017）。附表 4A. 8 的数据展示了海洋战略创造的价值和就业情况。

除了海洋战略，挪威还有收集与海洋经济有关的统计数据的悠久传统。1868 年首次公布野生鱼类捕获量数据，1971 年公布水产养殖业数据，1984 年公布油气行业数据。收集的典型衡量标准包括关于鱼类销售、工人人数以及固定资产购置和销售的经济数据。丰富的统计资料表明，挪威可以很好地为海洋产业建立一个卫星账户。

附表 4A. 8　2014 年挪威海洋经济中价值创造和就业情况

工业	价值创造（以十亿挪威克朗计）	就业人数
石油	537	117 200
海洋/石油	130	75 600
海洋	51	33 000
海洋/海产食品	1. 8	1 100
海产食品	40	29 000
海产食品/石油	0. 07	100
总计	760	256 000

备注：一个行业的价值创造是单项业务创造的价值的总和［根据工资成本加上未计利息、税项、折旧及摊销前利润（EBITDA）计算］。公共部分不包括在内。

资料来源：《新增长，骄傲的历史》（Government of Norway，2017）。

葡萄牙

葡萄牙开创性的“海洋卫星账户”的简短摘要见专栏 4. 7。

美国

美国国家海洋和大气管理局（NOAA）海岸带管理办公室通过《经济学：

国家海洋观察（ENOW）》计划收集海洋经济数据。ENOW 数据库能提供关于海洋和大湖区六个领域的机构数量、就业情况、工资和对国内生产总值的贡献的数据。ENOW 数据可通过 ENOW Explorer 界面免费访问和轻松浏览（NOAA，2018）。数据集自 2005 年以来每年更新，可按行业、地区、州和郡进行分类。附表 4A. 9 列出了通过 ENOW 数据库提供的海洋经济六个领域的就业情况和对国内总产值的贡献数据。Colgan 详细介绍了美国海洋经济价值的估算方法，同时提出了与数据相关的几个重要局限和难点（Colgan，2013）。

附表 4A. 9 美国海洋经济的就业情况与国内总产值（2010—2015 年）

	2012		2013		2014		2015	
	就业	GDP	就业	GDP	就业	GDP	就业	GDP
海上工程建设	43. 1	5. 6	44. 2	5. 7	43. 0	5. 7	44. 6	6. 2
生物资源	61. 6	7. 4	61. 8	7. 8	61. 6	7. 5	62. 2	7. 6
海上矿物开采	160. 1	150. 7	170. 5	169. 1	170. 5	168. 2	157. 0	106. 8
船舶和船舶建造	150. 6	15. 4	153. 5	16. 2	156. 6	16. 7	160. 6	17. 9
旅游和娱乐	2 077. 2	97. 9	2 149. 9	103. 3	2 216. 3	107. 5	2 295. 0	115. 7
海上运输	421. 7	58. 1	421. 6	61. 9	428. 2	62. 4	454. 1	65. 9
所有海洋领域	2 914. 3	335. 2	3 001. 4	363. 9	3 076. 0	368. 2	3 173. 4	320. 1

注：就业人数指商业机构雇用的人员，单位为千人，包括兼职和季节工；但不包括个体劳动者。2015 年国内生产总值以十亿美元为单位。

资料来源：《经济学：国家海洋观察（ENOW）数据》（NOAA，2018），https：//coast. noaa. gov/digitalcoast/tools/enow. html。

附件 4B 海洋经济活动及其国际分类

关于海洋经济活动的分类和海洋产业的基本知识

国家统计部门根据系统数字编码收集经济活动数据。这些编码使经济数据能够标注活动所属的经济领域（例如渔业或油气业）。国际通行的行业参照标准是《所有经济活动的国际标准行业分类》，即《国际标准产业分类》（ISIC）。

联合国统计委员会于 2008 年发布了最新的 ISIC（第 4 次修订）。这一版是《2008 国民账户体系》中的行业参考分类。根据 ISIC 提供数据的国家应确保其数据与其他采用 ISIC 的国家提供的数据具有可比性，或其分类源自 ISIC/与 ISIC 有关的国家提供的数据具有可比性。例如，欧洲共同体内部经济活动的一般产业分类（NACE）（第 2 次修订）参考了 ISIC（第 4 次修订），其中还包含了在欧洲范围内其他重要的活动。同样，澳大利亚和新西兰标准行业分类（ANZSIC）也与 ISIC（第 4 次修订）保持一致。北美产业分类体系（NAICS）虽然在结构上有所不同，但与 ISIC（第 4 次修订）有关，并在宏观汇总层次上保持了可比性。

所有国家层面的衡量海洋经济的方法都是从利用现有国家统计系统收集的数据开始的（关于国家层面方法的更多信息，见附件 4A）。根据《2008 国民账户体系》编制的国民账户的核心是经济活动观察，以官方调查收集的原始数据、行政数据、人口普查等资料为基础。按照《2008 国民账户体系》准则在国民账户框架中编制的数据符合本章概述的海洋经济数据的期望性质：可比性、一致性和可复制性。

虽然不可能为经济体内发生的各种可能的活动创建代码，但国家统计部门使用的所有行业分类都具有特定的结构，可以将经济活动划分得越来越详细。按照 ISIC（第 4 次修订），整个国民经济划分为 21 个门类，用 A 到 U 的字母编码（见附表 4B. 1）。21 个门类将按照层级逐级划分，每个门类又细化为多个大类。大类则用两位数编码表示，共计 99 个大类。每个大类再细化为中类（三位数编码表示），共计238个中类。所有中类最终细化为419个小类（四位数编码表示）。因此，这些大类代表了整个国民经济的最高级别汇总，而小类（通常以“四位数ISIC编码”表示）是最详细的级别汇总。每个层级的所有类别都相互排斥，从而避免了重复。

附表4B.1 ISIC（第4次修订）中的行业大类

门类	说明
A	农业、林业和渔业
B	采矿和采石
C	制造业
D	电力、煤气、蒸汽和空调供应
E	供水，污水处理、废物管理和补救活动
F	建筑业
G	批发和零售业，汽车和摩托车修理
H	运输与存储
I	食宿服务
J	信息和通信
K	金融和保险
L	房地产
M	专项业务、科学和技术
N	行政和辅助
O	公共管理与国防，强制性社会保障
P	教育
Q	人类健康和社会工作
R	艺术、文娱和休闲
S	其他服务
T	家庭作为雇主的家务活动，家庭自用、未加区分的物品生产和服务
U	国际组织和机构

资料来源：《所有经济活动的国际标准行业分类（ISIC）：第4次修订》（UNSD，2008）。

现行行业分类

许多海洋经济衡量的第一步是决定涉海产业的范围，以便确定所进行的经济活动的类型，并参照有关的行业分类，进行适当的编码。

与海洋产业相匹配的代码理论上应确保能够从统计部门编制的官方表格中获得经济数据。如统计部门遵照《2008 国民账户体系》准则，这类数据将提供拥有直接价值的可靠衡量方法，且具有国际可比性。为说明情况，附表 4B.2 列出了经合组织对《海洋经济 2030》中海洋产业的分类。分析人员将检查是否存在与这些行业相匹配的行业代码。

附表 4B.2 海洋产业

传统产业	新兴产业
捕捞渔业	海水养殖业
海产品加工业	深海和超深海油气业
航运业	海上风电业
港口业	海洋可再生能源业
船舶修造	海洋和海底采矿业
海洋油气业（浅海）	海上安全与监视业
海洋制造与建筑业	海洋生物技术业
海洋和滨海旅游业	海洋高技术产品和服务业
海洋商业服务业	
海洋研发与教育业	
疏浚业	

资料来源：《海洋经济 2030》（OECD，2016），http：//dx.doi.org/10.1787/9789264251724-en。

完全符合 ISIC（第 4 次修订）编码的海洋产业

将经合组织海洋产业与 ISIC（第 4 次修订）所界定的工业活动相结合之后，能够发现国民账户数据在使用上存在若干局限性。使用带有这类编码标记的数据的明显问题是，这些数据仅与附表 4B. 2 中给出的经合组织海洋产业中的三个完全一致。

附表 4B. 3 给出了存在 ISIC 编码的行业的完整 ISIC 分类。其余行业在任何详细层级上均无代表编码。需要进一步考虑的是，即使在下文所列的三个行业中，将海洋行业与陆地行业分开所需的详细程度也仅出现在四位码级别（即最详细的汇总）。

例如，可以使用完全一致的四位编码“0311：海洋渔业”来标记捕捞渔业。“海洋渔业”类别属于小类（三位编码）“031：渔业”，这一中类还包括四位编码“0312：淡水渔业”。“渔业”按层级属于大类（两位编码）“03：渔业和水产业”，这一大类其中还包括“032：水产养殖”，而“水产业”中包括“0321：海洋水产养殖”和“0322：淡水水产业”。最后，“渔业和水产业”大类属于“A：农业、林业和渔业”门类。“农业、林业和渔业”门类包含 2 个大类、11 个中类和 34 个小类，所有这些都与海洋产业没有直接关系。

上面的例子说明了衡量完全协调的海洋产业的一个关键问题；国家统计部门必须提供足够详细的汇总数据，才能将海洋行业与陆地行业分开。使用三位数编码来衡量“捕捞渔业”将纳入“淡水捕鱼”的数据。而两位编码的层级上，又会包括海水水产养殖业和淡水水产养殖业。在大类的层级上，将包括农业和林业领域的多数行业。显然，只有四位编码是直接衡量有关海洋工业价值的适当标准。

遗憾的是，许多国家没有定期提出最详细的分类说明。取而代之的是，这些国家只是每年编制以门类级为基础的两位数和偶尔三位数编码的汇总说明。例如，美国收集的年度数据汇总仅包括 71 个界定的行业。最详细的汇总包括 389 个行业（“基准”普查），于 2007 年编制。当各国为国际数据库提供其国民账户的数据时，情况也是如此。经合组织从大多数经合组织国家收到了 56 个行业汇总的国民账户数据（van de Ven，2017）。例如，经合组织的结构分析数据库（OECD STAN）提供的数据主要是 ISIC（第 4 次修订）两位编码的数据，对三位编码的数据只提供了部分细节。

附表 4B.3 完全符合 ISIC（第 4 次修订）编码的海洋产业

经合组织行业	门类	大类	中类	小类
捕捞渔业	A	03	031	0311
	农业、林业和渔业	渔业和水产业	渔业	海洋渔业
海洋	A	03	032	0321
水产业	农业、林业和渔业	渔业和水产业	水产养殖业	海洋水产养殖
航运	H	50	501	5011
	运输与存储	水运	海上和沿海水运	海上和沿海客运水运
	H	50	501	5012
	运输与存储	水运	海上和沿海水运	海运和沿海货运水运

资料来源：《所有经济活动的国际标准行业分类（ISIC）：（第 4 次修订）》（UNSD，2008）。

部分符合 ISIC（第 4 次修订）编码的海洋产业

在附表 4B.2 所列的 19 个经合组织海洋行业中，只有四个具有完全一致的四位编码。

对于其余 15 个行业，ISIC 的四位数编码要么排除了可能对海洋产业做出重要贡献的数据，要么包含了来自海洋领域以外的数据和/或并未说明该类活动是海洋活动还是陆地活动。以经合组织行业分类中的“海产品加工”为例。最合适的 ISIC（第 4 次修订）编码是“1020：鱼类、甲壳类和软体动物的加工和保存”。不过，并没有区分淡水水产品和海水水产品。因此，使用这一代码可能会高估海产品加工的价值，除非进行一些额外的计算。

如果国家统计部门提出的汇总数据没有提供足够的详细资料，无法将海洋产业划分出来，分析人员可能会选择退回到用于建立这些汇总数据的原始微观数据。将业务级别的数据与业务注册中的信息相结合，可使统计部门建立某些规模指标。然而，这样的方法会占用大量的资源，并且需要访问那些并非总是公开可用的数据。例如，美国不使用公司层级的数据，因为这些数据可能泄露有关公司的信息并损害其竞争力（Colgan，2013）。

附表 4B.4　ISIC（第 4 次修订）海产食品加工有关的编码

经合组织行业门类	大类	中类	小类
海产食品加工			
C	10	101	1020
制造业	食品的生产	鱼类、甲壳类和软体动物的加工和保存	鱼类、甲壳类和软体动物的加工和保存
C	10	104	1040
制造业	食品的生产	植物和动物油脂的生产	植物和动物油脂的生产
C	10	107	1075
制造业	食品的生产	其他食品的生产	熟食和菜肴的生产
C	10	107	1075
制造业	食品的生产	其他食品的生产	其他食品的生产

资料来源：《所有经济活动的国际标准行业分类（ISIC）：第 4 次修订》（UNSD，2008）。

鉴于重新估计国民账户汇总所需的资源和法律障碍，分析人员通常利用来自其他地方的数据来估计总增加值和就业情况。这些行业的贡献可以通过代理和/或计量经济学技术进行建模。或者可以利用行业出版物中的数据来预测海洋行业的相对百分比。至于“海产品加工业”，如果有关于加工海产品而不是淡水水产品的企业数目的数据，则海产品企业与淡水水产品企业的比例可适用于代码 1020 中给出的数值。

附件专栏 4B.1 解释了如何使用经合组织海洋经济数据库中的代理值来估算行业编码未涵盖的某些行业的衡量数据。或者，也可以专门进行专项调研工作，对官方数据进行补充。附件 4A 中概述的国家层面的衡量方法也采用了类似的方法。

附件专栏 4B.1　经合组织海洋经济数据库

为建立海洋经济数据库，对存在数据集的相关行业进行了回顾。作为基线，使用 ISIC（第 3 次修订）是因为在 2013 年项目开始时，该修订版所包含的国家和行业数据集数量多于 ISIC（第 4 次修订）[此后，更多的国家采用了 ISIC（第 4 次修订），并力求重新对数据集进行分类]。使用 ISIC 编码有两个主要限制：①ISIC 编码往往包括非海洋活动（例如陆地和海洋的捕捞渔业活动）；

②并不是每个海洋产业都有 ISIC 编码。鉴于这些限制，经合组织海洋经济数据库涵盖了海洋产业的总增加值（GVA）和就业数据，根据数据的可得性，选定的行业分为三类。

第一类：已列入 ISIC（第 3 次修订）的海洋产业，其官方数据随时可得。

第一类包括工业鱼类加工、渔业、船舶修造以及海运。这套行业 ISIC 编码的数据可在许多官方数据库中获取。这套行业 ISIC 编码主要有两个优点。第一，数据具有可比性，各国之间相对一致。第二，数据来源包含足够数量的国家，以便获得全球数值的现实近似值，特别是在得到其他官方来源数据补充的情况下。

第二类：已列入 ISIC（第 3 次修订）但官方数据有限的海洋产业。

第二类海洋产业包括 ISIC（第 3 次修订）确定但公开数据不符合一致性标准的行业。这些行业分别是海洋和滨海旅游业、港口、教育和研究以及海上油气业。因此，对总增加值和就业的估计不如第一类直接，需要使用代理值。关于海洋和滨海旅游业，旅游业的测算大大受益于国际上为建立适当的统计系统所做的工作。这些工作包括公布建议的旅游卫星账户方法框架（OECD，European Union，United Nations，World Tourism Organization，2010）。经合组织的海洋经济数据库表明，2010 年海洋和滨海旅游业在总增加值方面仅次于油气领域，为第二大海洋产业；在就业方面仅次于捕捞渔业。在上述报告中介绍了建议用于旅游卫星账户的编码。汇总根据这些编码收集的数据可对整个旅游经济进行有力的衡量，但几乎没有迹象表明海洋和滨海旅游业对整个旅游业的贡献情况。为了将海洋经济的贡献分离出来，各国往往依赖任意的比率，将海洋和滨海旅游业与所有其他旅游业分开和/或假定沿海地区的所有旅游业都可归因于海洋经济的地理限制。这对一致性和可比性提出了同样的挑战。

第三类：ISIC（第 3 次修订）未确定和没有任何现有数据的海洋产业。

第三类包括所列行业，这些行业未经 ISIC（第 3 次修订）确定，也没有全球层面的主要官方数据。其估算是根据各国政府、国际组织和行业协会的各种报告进行的。必须为该类别构建代理，该类别的行业包括海上设备、工业化的海洋水产养殖和海上风能。

致　谢

经合组织科学、技术与创新司海洋经济小组向组成“创新与海洋经济”2017—2018年项目计划指导委员会的以下组织表示衷心的感谢：比利时佛兰德斯政府经济、科学和创新部，丹麦海事局，德国海洋研究联合会（KDM）与欧盟大西洋观测系统AtlantOS项目，爱尔兰海洋研究所，意大利安东·多恩动物园，韩国海洋水产开发院（KMI），挪威研究理事会，葡萄牙海洋政策总局（DGPM）和葡萄牙科技基金会（FCT），西班牙加那利群岛海洋平台（PLOCAN），英国苏格兰海事局和美国国家海洋和大气管理局（NOAA）。

我们也特别感谢“创新与海洋经济项目计划”指导委员会的各位成员的辛苦付出。他们在整个项目实施过程中提供了宝贵的指导意见和极大的支持，包括共同组织和参加经合组织研讨会、提供原始材料、详细审查用于本书的背景文献等。

指导委员会成员（曾经和现在的）包括：Gert Verreet，政策顾问（比利时佛兰德斯政府经济、科学和创新部）；Rikke Wetter Olufsen，局长（丹麦海事局）；Mogens Schrøder Bech，已退休的海事研究与发展部门主任（丹麦海事局）；Jan-Stefan Fritz，常务董事（德国海洋研究联合会）；Niall McDonough，政策、创新和研究支持服务部门主任（爱尔兰海洋研究所）；Eoin Sweeney，高级顾问（爱尔兰ITO咨询有限公司，最近去世，许多朋友和同事都非常怀念他）；Marco Borra，海洋生物资源研究基础设施负责人兼国际合作和战略伙伴关系部门主任（意大利安东·多恩动物园）；Jeong-In Chang，高级研究员（韩国海洋水产开发院）；Christina Abildgaard，海洋生物资源和环境研究部门主任（挪威研究理事会）；Conceicão Santos，战略司司长（葡萄牙海洋政策总局）及Sofia Cordiero，海洋方案协调员（葡萄牙科技基金会）；Cornilius Chikwama，高级经济学家兼海洋分析部部长（英国苏格兰海事局）；José Ignacio Pradas，竞争力和社会事务副总干事（西班牙农业与渔业、食品及环境部）；Josefina Loustau，社会经济部项目经理（西班牙加那利群岛海洋平台）；以及Monica Grasso，首席经济学家（美国国家海洋和大气管理局)。

我们还感谢经合组织科技政策委员会成员和其他国家代表对本项目的支持,特别是 Tiago Santos Pereira(葡萄牙科技基金会), Fulvio Esposito(意大利教育、大学和研究部)和 Isabella Maria Palombini(意大利常驻代表团科学专员)。

第1章的起草和最终成文在很大程度上归功于 Dominique Guellec(经合组织科技政策处处长)的建议,以及 Gert Verreet、Rikke Wetter Olufsen、Marco Borra、Niall McDonough、Christina Abildgaard、Cornilius Chikwama 和 Danielle Edwards(加拿大创新、科学与经济发展部)的评述和建议。

除了我们直接沟通的许多专家(他们的贡献参见本文),我们还要感谢经合组织的几位同事对第2章的审核,其内容主要由科学、技术与创新司海洋经济小组高级顾问 Barrie Stevens 研究和起草。首先,科学、技术与创新司(经合组织)结构政策处造船科科长 Laurent Daniel 先生就压舱水管理的案例研究提出了诸多有益的建议。此外,贸易和农业司(经合组织)自然资源政策处渔业科的 Claire Delpeuch(政策分析员)、James Innes(政策分析员)和 Roger Martini(高级政策分析员)也对有关水产养殖的案例研究提出了诸多有益的建议。

关于第3章创新网络方面的内容,经合组织创新网络调查表的调查对象在繁忙的日程中抽出大量时间完成了调查,回答了后续问题,并就经合组织科学、技术与创新司海洋经济小组经济学家 James Jolliffe 编写的相应背景文件提出审议意见。我们向以下所有人及其同事表示最诚挚的感谢:Wendy Watson-Wright(加拿大海洋前沿中心)、Simone La Fontaine(丹麦海上能源协会)、Pieter Jan Jordaens(比利时佛兰德斯 IBN 海上能源)、Jeremie Bazin[法国世界海洋中心(Campus mondial de la mer)]、Peter Hourihane(爱尔兰海洋和可再生能源中心), Hans Bjelland[挪威水产养殖作业研究中心(EXPOSED Aquaculture)]、Jose Guerreiro[葡萄牙海洋初创公司(MARE Start-Up)]、Heather Jones(苏格兰水产养殖创新中心)、Josefina Loustau(西班牙加那利群岛海洋平台)和 Kevin Forshaw(英国国家海洋学中心)。本部分的研究还得益于 Cornilius Chikwama(英国苏格兰海事局)起草的一份初始概念文件。

第4章关于海洋经济测度问题的各节内容,主要由科学、技术与创新司海洋经济小组的经济学家 James Jolliffe 负责研究和起草,统计和数据司(经合组织)国民账户处处长 Peter Van de Ven 和国民账户处(经合组织)价格和环境核算科综合领先指标股股长 Pierre-Alain Pionnier 给予了大力支持，并对内容进行了仔细审核。关于海洋观测数据的各节内容在很大程度上依据即将发表的经合组织科学、技术与创新司政策文件《重视持续的海洋观测》（Valuing Sustained Ocean Observations）的内容，该文件由经济学家 Julia Hoffman（德国克里斯蒂安-阿尔伯特基尔大学）在 Claire Jolly（经合组织）的指导下起草，Barrie Stevens 和 James Jolliffe（于 2018 年临时调派到经合组织）给予了支持和帮助。Julia Hoffman 曾在联合国教科文组织政府间海洋学委员会任职，在起草该章节内容期间得到了德国海洋研究联合会、欧盟大西洋观测系统 AtlanOS 项目以及亥姆霍兹基尔海洋科学（KMS）中心“未来海洋”（The Future Ocean）精英集群的大力协助。本部分的研究还包括墨卡托海洋国际和欧洲海洋观测数据网络（EMODnet）提供的海洋观测用户原始汇总数据。经合组织秘书处对这些特殊的贡献表示十分赞赏，并衷心感谢墨卡托海洋国际首席执行官 Pierre Bahurel 与营销、通信和伙伴关系主管 Cécile Thomas-Courcoux 以及 Emodnet 项目干事 Nathalie Tonne 给予的支持。本章节的背景文件得益于联合国教科文组织政府间海洋学委员会专业研究员 Ralph Rayner（英国伦敦政治经济学院）、Carl Gouldman（美国国家海洋和大气管理局综合海洋观测系统方案办公室主任）、Jan-Stefan Fritz（德国海洋研究联合会常务董事）以及联合国教科文组织政府间海洋学委员会海洋观测和服务科科长 Albert Fischer 和项目专家 Emma Heslop 的详细审查和建议。

除了上述组织和个人的贡献，经合组织的三次研讨会也为本文件的起草提供了帮助。第一次研讨会于 2017 年 10 月在意大利那不勒斯的安东·多恩动物园举办，题为“以创新联系经济潜力与海洋生态系统健康”。非常感谢东道主，会议主席 Roberto Danovaro 教授、国际合作与战略伙伴关系部门主任 Marco Borra、行政长官 Margherita Groeben 及其团队。那不勒斯研讨会对本书第 2 章的编写十分有益。第二次研讨会题为“海洋经济评估新途径”，于 2017 年 11 月在巴黎经合组织总部与美国加利福尼亚州蒙特雷蓝色经济研究中心同步举办。特别感谢蓝色经济研究中心主任 Charles Colgan 和美国国家海洋经济计划（NOEP）主任 Judith Kildow，他们在促进海洋经济测度的国际讨论方面给予了大力支持和帮助。来自世界各地的许多专家参加了该研讨会，感谢他们的付出，我们在本书中已吸纳他们的成果并列入参考文献。最后，2018 年 5 月在巴黎经合组织总部举办了“海洋观测价值评估”研讨会。我们特别感谢 Polar Pod 项目负责人 Jean

-Louis Etienne、Richard Lampitt 教授（英国南安普顿国家海洋中心）、Merit 遥感科学家（英国普利茅斯海洋实验室）Shubha Sathyendranath 和 EuroGOOS 秘书长 Glenn Nolan 提供的帮助。经合组织科学、技术与创新司海洋经济小组在此感谢所有为项目活动作出贡献、提供原创内容和宝贵意见的人。

经济合作与发展组织

经济合作与发展组织（简称“经合组织”）是多国组成的特殊论坛，旨在共同应对全球化带来的经济、社会和环境等方面的挑战。经合组织在了解和帮助政府应对新的发展和关注方面（如公司治理、信息经济和人口老龄化带来的挑战）也处于最前沿。经合组织提供了一个组织环境，能够使各国政府比较政策经验、寻求常见问题的解决办法、确定良好做法和努力协调国内和国际政策。

经合组织成员国如下：澳大利亚、奥地利、比利时、加拿大、智利、捷克共和国、丹麦、爱沙尼亚、芬兰、法国、德国、希腊、匈牙利、冰岛、爱尔兰、以色列、意大利、日本、韩国、拉脱维亚、立陶宛、卢森堡、墨西哥、荷兰、新西兰、挪威、波兰、葡萄牙、斯洛伐克共和国、斯洛文尼亚、西班牙、瑞典、瑞士、土耳其、英国和美国。欧盟也参与了经合组织的工作。

经合组织的出版物广泛传播了组织关于经济、社会和环境问题的统计数据和研究结果，以及其成员国商定的公约、准则和标准。

可持续海洋经济的创新再思考

本报告强调了科学和技术在改善海洋经济可持续发展中的重要性。海洋生态系统是诸多全球性挑战的核心：粮食、药品、新型清洁能源、气候调节、创造就业和包容性增长。我们需要维护和改善海洋生态系统的健康状况，以满足我们在海洋资源利用方面不断增长的需求。科技创新将在协调这两个目标方面发挥关键作用。基于一些深入的案例研究，本报告确定了三个优先行动领域：①在一系列海洋和海事应用中为海洋事业和海洋环境带来双赢的方法；②建立海洋经济创新网络；③改进海洋经济计量的新的开创性举措。